秦巴山区人地系统
演化格局与空间管控研究

Research on Evolution Pattern and Spatial Management and
Control of Man-land System in Qinba Mountainous Area

敬　博◎著

U0255019

经济管理出版社
ECONOMY & MANAGEMENT PUBLISHING HOUSE

图书在版编目（CIP）数据

秦巴山区人地系统演化格局与空间管控研究／敬博著 . —北京：经济管理出版社，2022. 1
ISBN 978-7-5096-8305-7

Ⅰ . ①秦… Ⅱ . ①敬… Ⅲ . ①山地—人地系统—研究—中国 Ⅳ . ①P941. 76

中国版本图书馆 CIP 数据核字（2022）第 022286 号

组稿编辑：丁慧敏
责任编辑：吴　倩
责任印制：张馨予
责任校对：王淑卿

出版发行：经济管理出版社
　　　　　（北京市海淀区北蜂窝 8 号中雅大厦 A 座 11 层　100038）
网　　　址：www. E-mp. com. cn
电　　　话：（010）51915602
印　　　刷：唐山玺诚印务有限公司
经　　　销：新华书店
开　　　本：720mm×1000mm /16
印　　　张：15. 25
字　　　数：249 千字
版　　　次：2023 年 1 月第 1 版　　2023 年 1 月第 1 次印刷
书　　　号：ISBN 978-7-5096-8305-7
定　　　价：78. 00 元

前言 FOREWORD

人地关系地域系统是地理学研究的核心，是地球表层上人类活动与地理环境相互作用形成的开放复杂巨系统，是以地球表层一定地域为基础的人地相关系统，即人与地在特定地域中相互联系、相互作用而形成的一种动态结构。一直以来，中国地理学界在人地系统理论框架之下开展了大量的研究工作，主要包括人地系统的形成过程、结构特点和发展趋向；人地系统间的相互作用、能量转换、后效评价及风险评估；人地系统的空间格局和地域分异规律；人地系统的时间演化规律及趋势；不同层次、不同尺度的人地系统优化协调管控等方面。

山地占全球陆地总面积的24%，提供了陆地70%以上的淡水资源和绝大部分能源、矿产、生态资源，是目前地球上生物多样性保存最好的区域，是全球自然保护的核心区和主要资源赋存区域，全球约有一半的人口依赖山地提供的资源。山区自古以来就是人类重要的生活栖息地和文明发祥地，为人类的生息、繁衍和发展提供了重要支撑，但由于自身系统不稳定、生态系统十分敏感，因此极易受到外界环境干扰，近年来成为在全球环境变化和生态退化过程中响应最为激烈和迅速的地区，山区人地关系与可持续发展受到各国学界和政府的持续关注。在此背景下，作为特殊、复杂且地域分布广泛的一种人地系统类型，山区人地系统演化格局及其空间管控就成为人文地理学的重要科学理论和实践命题。

本书遵循"研究综述—理论建构—实证分析—对策建议"的研究思路，选取跨省典型山区——秦巴山区作为对象开展研究。运用人文—经济地理学、区域经济学、生态学和管理学等相关学科理论，重点从人地系统、空间均衡、空间管控三个方面对山区人地系统的特征、要素、结构、作用机制、状态评价及管控策略等进行分析，并建构理论框架；采用耦合协调度模型、Getis-Ord General G 空间探测法、地理加权回归模型（GWR）、空间供需匹配模型、空间效益均衡模型等研究方法，对山区人地系统的演化特征和驱动机制、空间格局和影响因素、空间均衡和优化调控等问题开展实证研究；提出适用于秦巴山区的空间管控模式及规划实践方案。主要研究内容和结论如下：

（1）山区人地系统理论方法探讨。对山区人地系统的基本特征、要素、结构、作用机制、演化机理和优化调控等进行理论分析，发现山区人地系统的协调与均衡体现在两个维度，理论维度上应包括"地域空间内的开发需求—环境供给关系匹配""区际间的效益均衡和区域综合效益最大化"两个方面，实践维度上提出应在不同区域采用针对性、差异化的空间管控手段，确定不同的发展模式和优化策略，促使人类活动要素在地域空间上有序分布，实现山区人地系统的综合均衡。

（2）秦巴山区人地系统演化特征和驱动机制。秦巴山区人地系统的历史演化大致经历了以"共生协调""发展退化""矛盾突出"为主要特征的三个阶段；自 21 世纪以来，秦巴山区人地系统总体呈下降中略有浮动的发展状态，空间差异表现为中高山区快速下降，低山平原区相对平稳；秦巴山区人地系统协调度下降的主要决定因素是经济发展状态和资源利用程度，生态环境质量对秦巴山区人地系统协调度提升具有一定作用，但同时需要建立在高质量的社会经济发展基础之上。

（3）秦巴山区人地系统空间格局定量研究。秦巴山区自然环境要素区域差异较大，且随地形变化的特征比较明显；人口、经济发展表现为外围热、内部冷的不均衡空间格局；通过多个要素、多个尺度的交互研究发现，山区人地系统空间格局呈现集聚度低于平原、垂直分异更为剧烈的显著特征，其与地形具有显著关联性。

（4）秦巴山区人地系统空间均衡状态评价。秦巴山区存在供给能力与需求强度的显著空间错位，供给能力中部高而外围低，开发需求则基本与之相反；空间匹配均衡程度总体较低，且分布极不平衡，均衡度总体呈现中部高、外围低的格局，均衡与失衡的区县数量比为 2∶8；生态效益与经济效益不匹配，全域空间效益分布不够均衡。

（5）提出了秦巴山区人地系统空间管控模式与管控实践方案。总体思路是以秦巴山区人地系统演化格局分析和空间均衡状态评价为依据，以优化人地系统空间格局为愿景，瞄准区域内空间供需匹配均衡和区际间综合效益均衡两大核心目标，划分管控单元，管控模式分为生态保障型、经济保障型、效益双增型、效益转移型四个类型。

目 录

CONTENTS

第一章　绪　论 ……………………………………… 001

　　第一节　研究背景 …………………………………… 001

　　第二节　研究目的与研究意义 ……………………… 006

　　第三节　研究内容 …………………………………… 008

　　第四节　研究思路与研究方法 ……………………… 009

　　第五节　拟解决的关键问题 ………………………… 011

第二章　国内外研究综述 …………………………… 013

　　第一节　相关概念与内涵 …………………………… 013

　　第二节　国内外研究进展 …………………………… 015

　　第三节　研究评述 …………………………………… 032

第三章　理论基础 …………………………………… 037

　　第一节　山区人地系统理论 ………………………… 037

　　第二节　山区人地系统空间均衡理论 ……………… 059

　　第三节　山区人地系统空间管控理论 ……………… 069

第四章　秦巴山区人地系统演化与格局分析 …… 077

　　第一节　秦巴山区人地系统概况 …………………… 077

第二节　人地系统演化阶段 …………………………………… 081

第三节　21世纪以来人地系统演化分析 …………………… 084

第四节　人地系统的水平格局 ……………………………… 108

第五节　人地系统的垂直格局 ……………………………… 126

第六节　本章小结 …………………………………………… 136

第五章　秦巴山区人地系统的空间均衡分析 ……………… 138

第一节　人地关系匹配均衡评价 …………………………… 138

第二节　人地系统效益均衡评价 …………………………… 167

第三节　本章小结 …………………………………………… 172

第六章　秦巴山区人地系统空间管控研究 ………………… 174

第一节　空间管控思路 ……………………………………… 174

第二节　空间管控依据 ……………………………………… 175

第三节　空间管控模式 ……………………………………… 177

第四节　空间管控实践方案 ………………………………… 199

第五节　本章小结 …………………………………………… 207

第七章　结　语 ……………………………………………… 210

第一节　重要结论 …………………………………………… 210

第二节　创新之处 …………………………………………… 213

第三节　研究展望 …………………………………………… 214

参考文献 ……………………………………………………… 216

第一章

绪　论

第一节　研究背景

一、现实背景

（1）山地区域是十分独特的人地关系地域系统，研究其空间格局及演化规律有助于实现山区人地协调与可持续发展。山地是地球陆地表面最为突出的三维地貌体及地理单元。全球陆地表面有约 1/5 的面积是山地，约 50% 的人口依靠山地资源而生存，山区也为人类提供了巨大的生态服务价值。[1]我国是多山国家，山地面积占全国陆地国土总面积的 2/3，大部分山地位于我国西部地区，同时也是经济社会发展相对较为落后的区域。不同于平原地区，特殊的地形地貌、脆弱的生态环境以及短时间难以有效恢复生态功能等特征，使山区在发展演化过程中的人地系统变化表现尤其明显，开发建设需求与环境资源约束之间的矛盾也十分突出。山区固有的生态脆弱性和地质不稳定性，决定了其资源环境对于人口和经济发展的承载力较低。相关研究显示，山区承载力通常只有平原地区的 1/10，甚至 1/100，[2]协调人力与自然力之间的相互关系，是维系山地区域系统平衡和实现山区可持续发展的关键。[1]

山区人地系统有着与其他地域差异明显的能量与物质流动过程，属于以能量与物质单向输出为主的不完整循环系统，因此系统内部具有容易使系统失衡的不完整自然动力结构，致使山地环境系统具有不稳定性，山地生态系统具有脆弱性特征。作为相对独立的地域综合体，山区具有自然—人文综合性的垂直分异、高度分层的人地关系地域现象，这是山区特有的地域分异特征。[1]同时由于地形复杂、空间碎片化和文化封闭等特征，人地关系协调过程中的利益分配和空间协同难度更加明显。因此，只有充分了解山区人类活动与自然环境的相互作用关系，深刻解析人地系统耦合演化机理和空间格局分布规律，分析评价资源与环境约束条件，才能找出优化调控山区人地系统的有效途径，协调山区社会经济环境可持续发展。

（2）秦巴山区具有十分突出的生态价值和战略地位，探索绿色协调发展路径具有重要的现实意义。秦巴山区指秦岭和巴山所在区域，横亘中国中部，绵延1000多千米，是中国中部最大的东西走向山脉所在地区，不但是中国地貌分界线，同时也是中国南北气候环境、地理人文的重要分界线，总面积约3.086×10^5平方千米，涉及陕西、湖北、四川、河南、甘肃、重庆五省一市的22个地级市（自治州、区）、119个县（区、市）。[3]秦巴山区地形地貌类型多样、人地系统复杂多变、空间分异特征明显，山地和丘陵占全区总面积的90%以上，其余为盆地、河谷与平坝，[4]自然资源、人文活动呈现与平原地区差异巨大的非均质分布状态。秦巴山区拥有极大的生态价值，是我国的中央水库、生态绿肺和重要的生物基因库。区内发育有235条河流、建有55座大型水库，总径流量为1.532×10^{11}立方米，是我国南水北调中线工程的水源涵养地和供给地，[5]也是阻止西北荒漠化、半荒漠化和沙尘暴东侵南扩的屏障地带。区内动植物种类数量达6000多种，占全国总量的75%，分布有120余种国家级保护动植物，是《全国主体功能区规划》确定的17个重要生物多样性生态功能区之一，[6]是我国非常重要的生态安全屏障。

秦巴山脉与欧洲阿尔卑斯山脉、北美洲落基山脉并称为"世界三大名山""地球三姐妹"，同处于北纬30°~45°的纬度带上，在世界地理格局中具有突出的区位价值。秦巴山区范围内人口众多、矿产资源丰富、产业类型多样，同时周边分布有成渝城市群、关中城市群、长江中游城市群、中原城市群等中西部多个主要城镇聚集区，具有特殊的空间区位价值。作为我国的生态高地和战略要地，如何协同区域发展、探索绿色崛起之路，探讨适合全国广大山区的人地系统空间管控策略，不仅关系到秦巴山区自身转型发展，更关系到国家"一带一路"倡议联动、影响国家生态环境和牵动国家战略安全的重要议题，具有深远的国家战略意义。[5]

（3）秦巴山区人地矛盾日益凸显，环境与灾害风险加剧，人地系统空间结构亟待优化。秦巴山区生态环境优势突出、蕴藏资源丰富，自古以来就是我国重要的生态屏障、安全要塞和文化根基，但同时长期以来也是我国相对落后的集中区域。秦巴山区与周边地区的发展差距较大，落后的经济现状使粗放式资源开发成为最主要的经济产出方式，生态服务功能和可持续发展支撑能力日渐削弱，加之"唯GDP论"发展取向的普遍化，使其开始抛弃自身比较优势，忽略生态本底状况，进而投入到经济总量的激烈竞争中，[7]同时也加剧了人类活动对山地环境的负面影响，近年来不断因环境污染、破坏性开发成为突出的问题集中区。秦巴山区人地矛盾日益突出，国土面积占全国的3.2%，人口总量却占到全国的4.53%，人口密度为199.74人/平方千米，超过全国平均水平与山区平均水平。[3,8]区内耕地总面积为$3.9183×10^6$公顷，人均耕地面积不足1亩，低于全国平均水平。[9]

秦巴山区生态环境相对敏感，面临的环境污染风险加剧。区内约有2/3的国土属于生态主体功能区中的限制开发区和禁止开发区，[5]但这些地区仍然存在原发性挖沙、开矿等无序掠夺式行为，汉江、嘉陵江废水排放污染现象依然存在，丹江口库区及上游地区农村生活污水处理问题突出，导致局部水体富营养化。区域内尾矿库共1100余座，其中700余座位于水源区，小流域水质污染问题较突出，水土流失面积占区域总面积的23%。[6]受复杂地质构造、深大断裂及强烈流水侵蚀、新构造运动等内外地质作用影响，突发性滑坡、崩塌、泥石流及地面塌陷等地质灾害发生概率很高，破坏力极强，加之气候变化及人类工程活动频繁，使地质灾害（隐患）呈现数量多、分布广、密度大、频次高的特征，[10,11]近年来我国发生的重大地质灾害（北川、汶川地震，舟曲、岷县特大泥石流灾害）大多发生在秦巴山区。

此外，经济发展和人口增长带来的生态环境压力与其较低的自然承载力和生态脆弱性之间存在矛盾，部分地区资源极其有限，但人口密度较大甚至存在超载或过度开发问题，这导致人地系统空间格局十分复杂，可以说，人地要素空间分布错位使本就十分突出的人地矛盾进一步加剧。秦巴山区虽为完整的地理单元统一体，但因地处陕、鄂、川、豫、渝、甘五省一市的行政交汇处，长期以来缺乏统筹协调的行政管控机制。各个县级行政单元在资源调配、管控目标和管控思路上较为趋同，未形成联动协同的生态保护机制和补给机制，使不顾资源承载力的粗放式开发成为现阶段各地普遍的发展思路，导致秦巴山区生态保护压力较大，面临严峻形势。

二、理论背景

（1）多学科指导下的山地研究受到广泛关注，山区人地系统理论体系亟待完善。人地系统是山区地理学研究的核心。近年来，众多学者从不同专业视角、采用不同方法对山区人地系统进行了研究，主要探讨其要素特征、[1,12]关系评价、[13,14]演化及影响机理、[15-17]优化调控路径等[18,19]内容，其中人地关系评价是山区人地系统研究的基础，为优化调控和政策建议提供依据。目前国内有关山区人地关系的评价主要包括资源环境承载力[20,21]（包括生态足迹）、脆弱性、[22,23]耦合协调度[24,25]和可持续发展能力等几个方面，[26,27]尺度覆盖流域、[28]省域、[13]市（州）域[29]和县域[25]。山区人地系统演化研究主要集中在自然环境变迁、聚落演化、土地利用/土地覆盖变化（LUCC）、景观格局演化等方面，研究视角上逐步从人地系统的单一要素开始向涵盖经济、社会、生态多个系统的综合化、多维度评价转变，研究内容的多学科融合和研究手段的数据信息集成特征逐步凸显，针对不同领域的人地系统格局和综合评价已成为划定生态保护红线、防治自然灾害、制定国土空间规划、构建国土开发监测预警机制的重要科学判据。

尽管研究成果丰富，但目前人地关系演化评价研究更多的是针对单一要素进行，缺乏综合视角下的人地系统动态演化特征分析，另外，目前学界对山区人地系统状态的判定、评价和预测尚无统一认识，对系统演化过程中的驱动因素缺乏定量分析，对不同地形类型区的时空动态演化对比研究尚属空白。研究方法上也存在机理刻画不深、简单套用平原地区方法等问题，相关数学模型还存在公式、阈值范围误用，缺乏山区有效性验证的问题，尤其是承载力研究还需加强阈值界定、关键参数率定、综合计量与集成评估等关键方法技术的突破。[30]此外，针对环境承载力与开发强度的平衡关系、相互作用以及基于评价结果的空间管控研究开展较少，跨省域山区相关研究也不多见，系统性的山区人地系统理论研究还较为薄弱。

山区人地系统的状态既受子系统自身发展的影响，同时也受其所在区域整体发展状态和区域发展政策的制约。由于山区特殊的自然地形地貌和突出的脆弱性特征使山区人地系统的不确定性大大增加，所以人地关系的演化也容易发生波动和反复。近年来，山区环境退化、灾害频发和经济落后逐渐受到各国学界和政府的持续关注。塑造和谐、稳定的人地关系成为致力于解决山区发展矛盾、促进山区可持续发展等领域研究学者的共同目标，建构并完善适合山区的人地系统理论方法体系十分必要。

（2）生态文明背景下"生态—生产—生活"空间均衡发展模式理性回归，空间结构有序化成为人文地理学的前沿课题。人地关系地域系统研究侧重在空间层面，是基于经济地理学对区域空间发展的综合研究。因此，区域空间是人地系统研究的重要载体。20世纪90年代以后，我国市场经济体制逐步确立，在经济地理学经典理论的引导下，非均衡发展理论成为我国区域空间发展理论的主流观点，"点—轴系统"理论、增长极理论、区域梯度转移理论得到不断深化，国土空间开发活动日益活跃。然而在区域空间不断演化、国民经济持续增长的同时，区域发展不均衡、人地空间矛盾突出、人地关系不协调等成为近年来不容忽视的问题。以"点—轴系统"为代表的非均衡理论更多地阐释了以空间形态为主体表达空间结构的形成过程和作用机制，对面状空间的结构组织演变缺乏理论指导。[31]在这种背景下，中国地理学者提出了地域功能的空间结构理论，揭示了"面状"空间的组合特征和发展规律，建立了以区域综合均衡模型和"生态—生产—生活"空间结构演变模式为核心的地域功能理论，丰富、修正了传统经济地理学理论。区域综合空间均衡的目标不只是区域经济发展的平衡，而是通过扭转区域福祉失衡的趋势，逐步实现区域间人均福祉水平的大体均衡，即生态、生产、生活等多种效益综合平衡后的均衡状态。同时为实现人地系统的综合协调，需强调每个空间单元的人类活动强度与地区资源环境承载能力相适宜，即将自然环境供给能力是否匹配经济社会空间开发活动作为一个地区空间发展均衡或失衡的判定标准。

党的十八大报告首次单独成篇论述生态文明建设，强调生态文明建设必须要融入经济建设、政治建设、文化建设、社会建设中，并把生态文明建设放在"五位一体"总体布局的战略高度来论述，凸显了生态文明建设的重要作用。[32]人地系统和谐有序发展的"过程"是通过合理的空间管控，优化人地系统格局，合理配置资源，促使区域格局变动中综合效益达到最优，而"目标"则是基于区域均衡下的空间结构有序化。[33]我国的生态文明建设总体战略即是对这一"过程"和"目标"的政策响应，同时也反映了均衡思想在区域发展模式上的理性回归。近年来，党的十八届三中全会通过的《中共中央关于全面深化改革若干重大问题的决定》《国家新型城镇化规划（2014—2020年）》《中共中央国务院关于建立国土空间规划体系并监督实施的若干意见》等一系列政策文件都对强化生态、生产、生活空间的平衡关系提出新的要求。因此，基于优化人地系统格局的综合空间均衡论成为了近年来人文地理学的前沿理论方法，探索生态文明建设背景下的区域空间均衡发展模式和构建现代社会新型山区人地系统至关重要。

第二节　研究目的与研究意义

一、研究目的

山地作为陆地上最为脆弱、对外部干扰最敏感的人类居住地和资源宝库，在人类大规模开发下已引起了广泛的生态环境问题及突出的人地矛盾，[1]山地特有的自然和人文属性使这一问题更加凸显。山区的资源有效利用、国土综合开发、社会经济发展及自然灾害防治都有待对其人地系统发展规律和影响机制的科学认知。以人口、资源、环境协调发展为核心目标的空间均衡理论可以作为评价山区人地关系状态、建构合理人地空间格局和确定空间管控模式的有效理论方法。本书对山区人地系统演化格局、空间均衡评价、空间管控模式与策略等关键问题展开了多尺度、多维度深入研究，主要目的在于厘清山区有别于其他地域的显著特征，识别影响人地系统演化的核心驱动因素，探究地形因素对人地系统水平格局、垂直格局的深入影响，探索当前山区人地系统空间均衡的科学评价方法，通过建构差异化、针对性的空间管控模式，找寻山区人地系统优化调控的最佳路径，从本质上揭示山区人地系统的时空演化规律，为山区社会经济发展决策和有序管理提供科学依据。

二、研究意义

本书依托相关课题数据基础，结合进一步的定量研究和实证分析，在对秦巴山区人地系统演化、格局和作用机制深入分析的基础上，构建生态文明理念下的空间均衡分析评价模型，探索一种既适应山区独特典型人地系统特征、促进区域可持续发展，又与现行国家管理制度相协调的空间管控方法体系，这对于丰富人文地理学科理论、补充山地科学发展理论、完善地域功能理论体系、推动区域空间治理体系完善等方面具有重要的理论意义，对于响应国家五大发展理念、促进秦巴山区人地协调发展、实现地区乡村振兴等方面具有重要的实践意义。具体包括以下几个方面：

（一）理论意义

第一，特殊的形态、构造、结构和功能使山地区域成为具有特殊性、异质性和差异性的复杂巨系统。作为典型的人地系统类型，其日益凸显的脆弱性、环境恶化和人地矛盾已引起学界的高度关注，系统梳理和剖析山区人地系统的特征、结构、格局、演化等科学问题有助于丰富和完善人地系统理论体系。第二，空间格局是特定时空背景下人地关系的一种间接反映，揭示山区人地分布格局、空间分异规律及其深层次影响因素，尤其是探讨空间格局与地形的紧密关系，可为准确、客观地认知其地域系统属性奠定科学基础。第三，均衡是所有地域系统长期可持续稳定发展的核心目标，以人地供需匹配和综合效益最大化作为判定地区均衡发展的基准，改变传统的低效均衡发展思路，可以优化空间均衡理论在山区可持续发展领域的运用。第四，创新空间管控模式制度设计，为地方政府有效促进国土空间功能优化、提升可持续发展能力提供新的思路。

（二）方法价值

第一，以往关于山区人地空间格局研究多侧重在对森林、植被、气候、土壤等自然环境方面，对人类活动空间分布影响的研究总体较少，进行同一尺度下人地多要素对比和不同尺度下水平、垂直分异交互研究，对于拓展丰富空间格局研究方法具有一定价值。第二,对协调耦合度模型、OLS(Ordinary Least Square)模型、GWR(Geographical Weighted Regression)模型等公式的意义、适用情况进行探讨,对其存在的问题进行一定程度的科学验证和校正,可为优化相关理论方法奠定基础。第三,遵从地理学"过程—格局—机制"模式的研究思路,在对历史演变、现状格局、动力机制、优化模式等问题进行探讨的基础上,进一步提出区域管控实践方案,对于增强相关理论对实践的指导性具有一定价值。

(三)实践意义

第一,秦巴山区区域地位重要、生态价值突出,但经济发展相对落后,研究探索科学适宜的空间管控模式和区域发展路径,对于维系地区生态安全格局、保障区域综合效益、带动地区发展具有重要的实践意义。第二,从历史维度和数理维度进行人地系统的演化规律研究,可有效找准人地矛盾根源,反思过程经验教训,为探索适宜山区的人类活动方式提供参考依据。第三,研究秦巴山区要素空间格局、资源配置效率和空间均衡特征,对研判研究区发展状态、确定优化调控目标、制定政策保障措施具有重要指导意义。第四,秦巴山区是我国典型山区,探讨实现人地空间协调有序发展的方法和路径对于广泛指导约占我国2/3陆地国土面积的山地区域跨越性发展具有重要示范意义。

第三节 研究内容

本书以秦巴山区为研究对象,在对国内外相关研究成果系统总结和分析的基础上,紧密围绕山区人地系统确定以下研究内容。

(1)秦巴山区人地系统演化格局研究:①对秦巴山区人地系统演化的阶段及特征进行归纳总结,透视秦巴山区人地关系随时间轴线推进的演化规律。②构建人地耦合协调模型,深入刻画21世纪以来秦巴山区人地系统演化过程,并对演化特征、空间差异和驱动因素进行探讨。③从自然地理环境和人口经济社会两个方面,分析归纳秦巴山区人地系统的水平空间格局特征。④分区县、样带、像元多个尺度分析秦巴山区人地系统的垂直空间格局,并重点从人口、经济等要素方面揭示地形对秦巴山区人地系统垂直空间分异的影响机制。

（2）秦巴山区人地系统空间均衡研究：①以人—地两端的平衡关系入手，构建供需匹配模型，开展秦巴山区匹配均衡特征及供需相互关系研究，找寻供需不均衡的本质原因。②对秦巴山区经济效益、生态效益和综合效益进行综合评价，采用效益均值偏离度方法对空间效益均衡程度进行分析。③综合集成空间均衡评价结果，提出山区人地系统空间格局调控的最优路径。

（3）秦巴山区人地系统空间管控研究：①依据人地系统演化规律、空间格局和均衡评价，确定秦巴山区空间管控的总体思路。②分类型探讨适宜秦巴山区人地系统的空间管控模式，并开展生态修复与环境治理、经济产业体系、土地利用模式、城镇与乡村人居建设模式等相关研究。③综合划定秦巴山区管控单元，确定不同单元的人口、经济、生态等发展建设目标。④提出空间治理、生态补偿、协调机制和绩效评价等方面的政策建议。

第四节　研究思路与研究方法

一、研究思路

本书依托地理学、生态学、管理学等基础理论，遵循"理论建构—实证分析—对策建议"的思路开展研究工作，强调理论与实证相结合。首先，对国内外研究进行评述，在山区人地系统理论、山区人地系统空间均衡理论、山区人地系统空间管控理论研究的基础上构建本次研究的理论方法体系框架。其次，将秦巴山区作为我国的典型山区案例地，对其历史演化阶段、现代系统演化过程和演化驱动因素进行剖析，分析山区人地系统的时空演化规律，深入刻画其"地理过程"；同时分水平、垂直两个维度对秦巴山区人地系统的空间分异格局进行交互研究，剖析空间格局的形成原因，探究"格局"与"尺度""维度"的相互关系。再次，采用空间匹配均衡和空间效益均衡模型对秦巴山区人地系统进行评价分析，科学定量判定其空间均衡状态，提出空间管控的导向建议。最后，以秦巴山区演化格局与评价分析为基础，建构全区域经济、社会和环境综合空间均衡协调发展目标，围绕优化山区人地系统空间格局，提出空间管控类型与模式，并提出管控实践方案和政策保障建议，为山区人地系统可持续发展提供科学依据和参考。本书研究技术路线如图 1-1 所示。

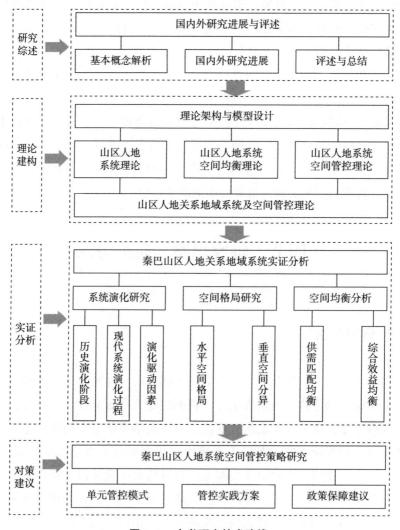

图 1-1　本书研究技术路线

二、研究方法

（1）文献归纳与实地调查相结合。收集国内外有关山区人地系统、空间均衡、空间管控等方面的理论和案例资料，通过实地调研、图像解译、文献检索、资料查阅等方式，获取较为精准的各类数据资料，并对其进行整理、归纳、矢量信息化。通过与政府、专家、科研机构、当地群众进行深入调研访谈和信息反馈，对获取的资料数据进行校核、对比和印证，采用多种方法提高数据的准确性、可靠性和实用性。

（2）理论与实证相结合。在对国内外山地科学及山区人地系统研究进展归纳总结的基础上，进一步对山区人地系统的特征、要素、结构、相互作用和演化机制等进行理论分析，通过对空间均衡理论进行解析和创新，初步建构山区空间均衡发展与管理调控的理论框架，进一步完善山区人地系统理论体系。在此基础上，以秦巴山区为案例，对山区人地系统的演化、格局、均衡状态开展实证研究，提出对应的空间管控模式和优化调控对策，为山区协调发展提供更具科学性和实用性的参考依据。

（3）定性分析与定量分析相结合。在文献收集和实地调研的基础上，对秦巴山区人地系统进行整体认知，重点采用文献挖掘、整理归纳等方法对其现状特征、演化阶段等问题进行定性梳理和分析。在定量研究方面，利用相关数据建构指标体系，综合运用 CiteSpace、GIS、SPSS、MATLAB、yaahp 等软件，通过构建协调度模型、OLS 最小二乘法回归模型、GWR 地理加权回归模型、空间供需匹配模型、空间效益均衡模型，进行人地要素耦合协调度演化、人口分布 Lorenz 曲线、Getis-Ord General G 空间探测、人地系统垂直分异、供需匹配均衡度、空间效益均衡度等内容的定量分析。

（4）动态对比与静态分析相结合。人地要素的水平、垂直空间分异、供需均衡关系等分析主要采用多维数据空间建模分析，以静态分析为主，有利于清晰判断山区人地系统的现状特征和问题；影响山区协调发展机理和空间效益持续稳定均衡发展的因素，则进行多个时间截面的要素动态变化分析，通过对比分析观察长时间序列下山区人地系统的演化发展规律。

第五节　拟解决的关键问题

（1）山区人地系统耦合协调演化的指标体系及模型构建。山区人地系统不稳定性高，人地关系演化也易于发生波动和反复，合理的人地系统耦合协调指标体系及模型构建是定量探讨演化规律的基础。本书拟选择适宜山区特征和研究区实际情况的指标构建人类活动系统和自然环境系统耦合协调的指标体系，并对耦合协调模型进行数理对比分析验证，构建准确、适宜的数学分析模型。

（2）不同尺度、不同维度人地系统格局的交互分析。与平原地区一样，山区人地系统在空间上存在集聚和分异特征，巨大的地形高差使山区呈现集聚度低于平原、垂直分异更为剧烈的显著特征，系统内部也存在明显的时空尺度差异，全方位、立体化认知空间格局有助于科学把握山区人地系统的形成分布规律。本书拟对不同尺度数据在水平空间和垂直空间维度进行分类研究和交互分析，以期对秦巴山区人地系统格局及其与山区地形的紧密关系做出客观准确的判断。

（3）人地系统空间均衡的评价方法体系与空间管控模式研究。空间均衡是山区人地系统协调稳定的终极目标，但山区特殊的地形地貌特征使其难以实现传统意义上的地区均衡发展。因此，本书拟构建供需匹配均衡和空间效益均衡的综合评价模型，对研究区人地系统均衡程度进行分析，以此建立适宜山区的人地系统状态评价方法。此外，本书拟提出针对不同地区、不同状态的差异化空间管控模式和针对性管控对策。管控单元划定时重点考虑地形地貌一致性和管控政策联动性，确定发展规模和管控策略时以保障各单元内部及全区域的综合效益为基本目标，并使空间资源配置不断优化，系统演化不断趋好。

第二章

国内外研究综述

　　山区发展主要依赖人类社会经济系统和自然生态系统的有机平衡，实现山区可持续发展的基础是建立和谐、稳定的山区人地系统。山区人地系统研究是人文地理学在山地区域的研究内核，解决山区生态安全、灾害防治、社会经济可持续发展问题有待对山区人地系统的科学认知。由于山区的地域广泛性、系统特殊性以及对人类社会生态系统的重要意义，其人地系统的演化、格局及优化调控始终是国内外相关学科研究关注的重点。本章拟对山区人地系统的国内外研究进程、研究内容和研究方法进行系统梳理和回顾，明晰其研究进展、动向和不足，对研究趋势进行展望，并为后续理论与实证研究奠定基础。

第一节　相关概念与内涵

　　山地与山区。国内外对于山地的定义较多，Messerli 和 Ives（1997）提出山地具有两个特征，即陡坡和高度的组合。[34] Price 和 Butt 等（2000）认为海拔高于 2500 米的区域或者海拔介于 300~2500 米同时坡度或高差较大的区域都称之为山地。[35] 国内认为山地有广义与狭义之分，广义的山地包括丘陵、高原、低山、中山、高山和海拔较高的盆地，狭义的山地主要指山脉及其分支。[36] 不同学者对山地的海拔分界的阈值界定有所差异，也分绝对高度与相对高度，综合来看，山地主要指由一定绝对高度、相对高度和坡度要素组成的空间地域。[37-40] 山区是指以山地为主的人类活动区域，其所蕴藏的各种资源生态、水能、矿产、生物资源使其成为人类活动的重要区域。据统计，山地区域占全球陆地面积的 24%，但同时提供了陆地 70% 以上的淡水资源（干旱和半干旱区甚至高达 90% 以上）和绝大部分能源、矿产和生态资源。[41,42]我国也是山地大国，山地面积 658.81 万平方千米，占国土面积的 68.2%（是全球山地比例占陆域面积的 2.8 倍），[43]构成了我国陆地领土的主体。[7]

秦巴山区。秦巴山区是秦岭和巴山山脉所在地区。该区域有东西走向的秦岭、大巴山横亘其中，长江最长的支流汉江贯通内部，地处暖温带和北亚热带过渡区，是中国南北气候、生物区系的交汇地带。[44]秦巴山区有广义和狭义之分，因学科差异也有不同的地域范围认识。从广义的范围来看，秦巴山区西起青藏高原东缘，东至华北平原西南部，包括河南、湖北、重庆、陕西、四川和甘肃所辖秦岭、大巴山山脉主体部分，从地质学角度来看，"秦岭"和"巴山"是一个山脉体系，均为"秦岭造山带"（中央造山带）的主体部分，[45]位于中央造山带和南北构造带交互作用的核心位置。[46]地貌学上更多的是将地貌类型、分布以及组合特征作为秦巴山区的范围划分依据。[47-49]也有不少学者将秦巴山脉的山地主体所在地——陕南地区作为秦巴山区的主要范围进行学术研究，[50,51]这可以看作是狭义的秦巴山区。经过梳理发现，依托不同学科、不同课题的相关研究或规划中确定的秦巴山区范围均有不同程度的差异，[44,52-55]但大多都是以地貌类型作为依据，这是由于秦巴山区自古以来就具有地理上的完整性和自然—生态条件的一致性，历史上不少时期都是以完整的行政单元作为其管理范围，因此秦巴山区研究范围也需要考虑其管控和政策实施的便利性，[56]将行政区划作为其研究范围的考虑因素。本书中秦巴山区的研究范围借鉴相关研究，结合秦巴山脉地理地貌界线和区县级行政区划确定，包括河南、湖北、重庆、陕西、四川、甘肃五省一市的 119 个区县。

人地关系地域系统。人地关系地域系统是地理学的研究核心，是地球表层上人类活动与地理环境相互作用形成的开放的复杂巨系统，是以地球表层一定地域为基础的人地相关系统，即人与地在特定的地域中相互联系、相互作用而形成的一种动态结构。[57-59]人地关系地域系统研究的核心目标是协调人地关系，[57]人地关系的作用机理、动力机制和时空变化规律具有综合性和区域性特征，[60,61]因此研究人地关系地域系统就成为了地理学的基本命题。[62]人地关系地域系统研究不仅需要揭示地理环境本身的自然特征，而且需要考虑社会、经济、历史等综合人文因素，研究人类活动与自然环境的相互作用和影响，以及人地关系地域系统的格局、结构、演变过程和驱动机制等内容。[63]

山区人地系统。山区人地系统是人地关系地域系统的一种类型，也是人地关系地域系统在山地区域的重要研究课题，因此本书中提出的"山区人地系统"指代的就是"山区人地关系地域系统"，是"山区人地关系地域系统"的简称。之前有学者对山区人地系统的概念和内涵进行过界定，认为山区人地系统的核心是"人山关系"，"人"主要包括山区人口数量和素质、民族组成、人文多样性、山地农村聚落和城镇体系等，"山"指山地自然环境和资源，即人类赖以生产、生活的综合山地环境。[12]山区人地系统是由山区地质地貌、气象、生物、灾害、山地产业、社会经济发展、人居环境等诸多方面组合而成的自然—人文复合的地域综合体。[1]山区人地系统的研究不仅需要刻画揭示山区特殊的、不同于平原地区的自然地理环境变化特征，而且需要综合考虑社会、经济、历史等人文因素，研究山区人类活动与自然环境的相互作用，分析山区人地系统的格局、演变过程和驱动机制等内容，尤其需要加强对山区人地系统协调发展影响较大的山地灾害、经济落后、生态保护和资源承载等相关内容的研究关注。除此之外，"人山关系"中的"人"具有的自然和社会双重属性，表现为人类在对自然环境的认识和改造过程中形成了相互依存的社会关系，[63]因此人与人的社会关系、文化风俗、政治经济等方面的研究也应进入山区人地系统的研究范畴。

第二节　国内外研究进展

一、山地研究进展与现状

在山地研究形成理论体系之前，人类对山区的认识经历了从简单记录、描述，到总结规律特征，再到提出朴素人地观的过程。古希腊人从 2300 年前开始对山地现象做记录考察，我国的《山海经》《汉书·地理志》等古代典籍也较早从山川物产、河流侵蚀、地质地貌形成等方面做了考察和分析。17 世纪我国地理学家孙兰提出的"高岸为谷、深谷为陵"的山地地形演变规律标志着对山地的研究从现象描述进入理性探索阶段。[64,65]1973 年，联合国教育、科学及文化组织在"人与生物圈计划"中，把人类活动对山地系统的影响研究列为该计划的重大项目，表明山地研究开始不断强化对人与自然的相互作用关系的关注，山区人地关系研究初见雏形。在吴传钧（1991）提出"人地关系地域系统是地理学的研究核心"这一思想后，[57]有关山区人地关系的研究开始逐步系统化和科学化，不少学者提出在地理学的基础上构建系统化的山地学学科，[66-68]也有学者强调山地研究中"山人关系"的核心地位，提出应加强以人山关系地域系统为核心的山地科学研究。[12]同时，国际山地学会（IMS）、国际山地综合发展中心（ICIMOD）[65]等一批学术研究机构成立，加强山地协作研究的国际学术研讨会议相继召开，发表了《慕尼黑宣言》《坎布里奇宣言》《21世纪议程》等诸多重要共识性宣言，同时完成了不少针对世界各大洲不同山地区域的研究项目，如"可更新自然资源利用和管理项目"、PARD-YP 计划（People and Resource Dynamics Project，1994～2002 年）、NRM 计划（Natural Resources Management，2003~2007 年），[7]我国也相继成立以中国科学院（以下简称"中科院"）水利部成都山地灾害与环境研究所为代表的研究机构，旨在推动开展山地区域协作研究、共享基础和应用研究成果，为山区生态保护、可持续发展提供学术指导。2000 年后，自三大环境计划（IGBP、IHDP 和 GTOS）联合发起"全球变化与山区"计划以来，山地环境变化及其影响研究受到重点关注，成为国际地球系统科学及全球变化研究中最活跃的领域之一。[42]

　　笔者分别对中国知网（CNKI）和 Web of Science 核心期刊库中的相关文献进行计量统计，并结合 CiteSpace 可视化软件对中外文献研究特征进行对比分析。将 CNKI 核心库中的检索主题设置为"山区""山地""人地关系""人地系统""人地关系地域系统"的相互组合，结果显示只有 55 篇期刊符合检索条件，主要发表在《山地学报》《山地研究》《云南师范大学学报》等期刊上，因此从狭义的概念上很难进行科学的文献综述研究。由于山区人地系统不仅揭示地理环境特征，而且综合考虑人类活动系统与自然环境相互作用，[63]研究内容上较为宽泛、包罗万象，且涉及与地理学相关的多个学科，因此，即使有些成果未明确提及"人地关系"等相关字眼，但实际内容也属于山区人地系统研究的某一方面，[69]所以将检索主题设置为"山区""山地"，学科限定为"地理学"以及与地理学紧密相关的"资源地理学""环境地理学""区域与城乡规划""历史地理学""可持续发展"等交叉学科，剔除重复及完全不相关的条目后，共得到符合条件的核心期刊文献 1833 条（截至 2020 年 7 月 31 日），以此为基础展开文献分析。

研究成果数量在 2000 年以前较为平缓，2000 年以后不断增多、持续增长，说明学界对山地区域的研究关注不断增强，也说明了人地系统问题在地理学及相关学科中的核心地位不断强化。尤其是 2008 年以后，随着环境变化、山地灾害问题的凸显，山区人地系统的研究视角和范围不断拓展，形成了一批包括山地承载力、山区脆弱性、流域生态安全、绿色可持续发展在内的具有较高实践指导价值的研究成果，并在 2009 年和 2014 年达到高峰（见图 2-1）。相关研究成果排名前 20 位的期刊中，《山地学报》刊稿量最多，达到 90 余篇，是山区人地系统研究成果的主要学术阵地；纯地理学类期刊占比较高，包括《地理学报》《地理研究》《干旱区地理》等，但发表论文数量不多，主要排在第 8 到第 20 位，说明在纯地理学科领域对山区人地系统的研究关注仍然不够（见图 2-2）。

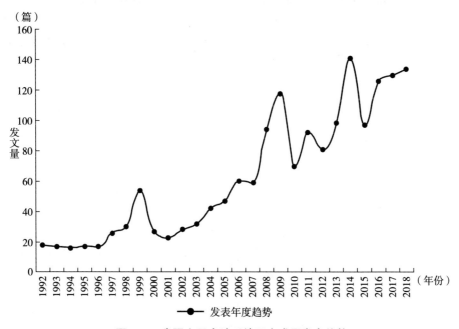

图 2-1　我国山区人地系统研究成果发表趋势

同样在 Web of Science 核心合集中以"mountain"为主题词，学科设置为"ENVIRONMENTAL SCIENCES""ENVIRONMENTAL STUDIES""GEOGRAPHY""GEOGRAPHY PHYSICAL"，符合条件的文献为 2960 篇。通过 CiteSpace 工具的文

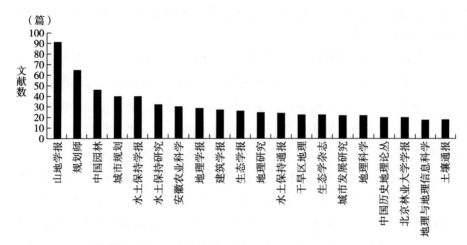

图 2-2　我国山区人地系统研究相关文献数量前 20 位期刊

献挖掘功能发现，从全球范围来看，有关山区地理、环境科学方面的研究主要集中在美国、中国、德国、瑞士、加拿大、西班牙等国家，其中中国、瑞士、加拿大都属于多山国家（见图 2-3）。文献主要发表于 *WATER RESOURCES RESEARCH*、

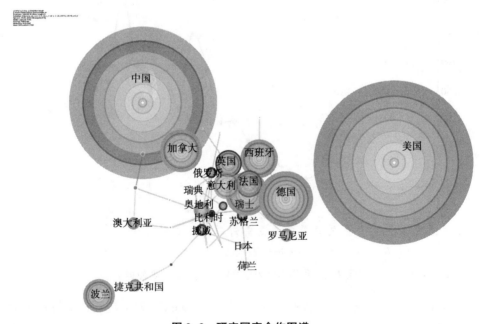

图 2-3　研究国家合作图谱

GEOMORPHOLOGY、*QUATERNARY INTERNATIONAL*、*ATMOSPHERIC ENVIRON-MENT*、*JOURNAL OF BIOGEOGRAPHY* 等期刊上，排名前 10 的地理类期刊包括 *JOURNAL OF BIOGEOGRAPHY*（第 5 位）和 *PALAEOGEOGRAPHY PALAEOCLIMA-TOLOGY PALAEOECOLOGY*（第 10 位）（见图 2-4）。通过 CiteSpace 对关键词频次进行分析发现，国际上的研究主要关注气候变化、植被、森林、降水、温度、生物多样性等问题，而生态保护、土地利用等涉及人类活动的关键词频次相对较低（见图 2-5）。

通过 CiteSpace 的 Timezone 图谱功能对关键词频次进行分析发现，2000 年之前，频次较高的关键词主要以自然生态系统为主，泥石流、水土流失、土地退化、山地灾害、森林土壤等研究内容集中爆发（见图 2-6），充分认识山区地理要素尤其是破坏性因素成为当时的研究重点，这一时期的研究主要以单要素的评价和矛盾问题识别为主，而"青藏高原"作为早期山区人地系统研究的高频词出现，也说明了一直以来该地区对于我国人地系统的重要性以及在山地研究中的核心地位；自 21 世纪以来，景观格局、水源涵养、地质灾害、退耕还林、可持续发展、土地利用等问题开始进入地理学者的研究视野，自此以后生态保护、灾害防治、可持续发展等核心议题得到了广泛关注，山区人地系统耦合协调与优化对策研究开始成为重要科学命题；这一时期"GIS"作为高频关键词出现，可见相关研究方法上开始尝试采用时空数据的可视化分析与表达等新技术、新手段用以突破研究瓶颈及调查条件的限制，进入现代山地研究的新阶段。2010 年以后，一方面，以山地城镇、乡村聚落、农村居民点、空间格局、山地公园、规划策略等为关键词的山区人类活动系统要素评价及干预研究开始成为新的研究热点并持续深入，研究领域不断细分，研究尺度也不断丰富，除宏观尺度的地域单元综合研究持续进行外，不少学者开始以城镇及聚落为对象开展微观评价及调适研究；另一方面，在全球环境快速变化和生态安全威胁不断加大的背景下，山区生态文明建设被提到前所未有的高度，涉及秦岭、青藏高原、祁连山等关键地域的生态保护与高质量发展成为近年来的重要科学命题。1990~2020 年研究突现关键词分析结果也进一步印证了近 30 年中国山区人地系统研究的基本脉络（见表 2-1）。

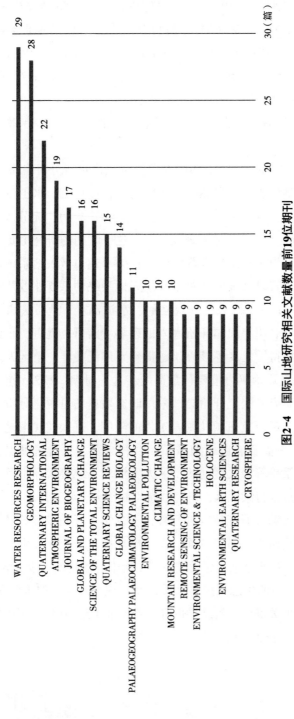

图2-4　国际山地研究相关文献数量前19位期刊

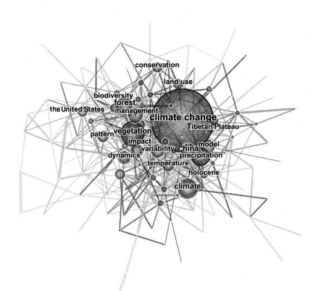

图 2-5 国际山地研究关键词共现网络图谱

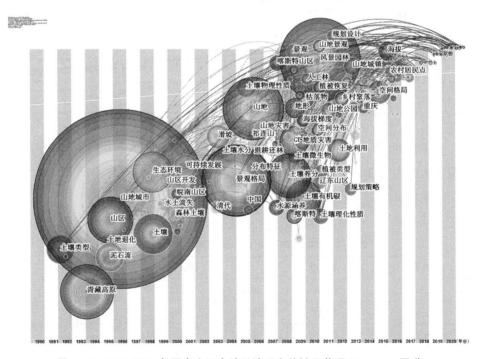

图 2-6 1990~2020 年国内山区人地系统研究关键词共现 Timezone 图谱

表 2-1 1990~2020 年国内研究前 18 位突现关键词

关键词	突现度	骤增年份	骤减年份	1990~2020 年
土地退化	4.0225	1994	2006	
泥石流	3.7878	1995	2005	
生态环境	8.1444	1999	2005	
水土流失	4.2983	1999	2005	
可持续发展	4.4468	2000	2011	
青藏高原	3.633	2001	2007	
土壤水分	3.4337	2005	2010	
退耕还林	4.1941	2006	2008	
景观格局	3.7492	2009	2013	
土地利用	4.2255	2011	2015	
乡村聚落	3.4188	2012	2014	
土壤养分	3.8147	2014	2015	
空间格局	4.0754	2014	2018	
海拔	3.9598	2015	2020	
山地	4.4956	2015	2020	
土壤有机碳	4.5673	2015	2020	
农村居民点	3.5069	2015	2017	
风景园林	6.8087	2017	2020	

  检索出的国际文献均为 2011 年之后，关键词突现度在 8 年时间序列内前后差异不大，主要以研究地域与生态环境学相关内容为主，近几年开始关注沉积、冰川、更新世晚期等冰河时期的山区地理环境研究（见表 2-2）。

表 2-2 2011~2018 年国际研究前 25 位突现关键词

关键词	突现度	骤增年份	骤减年份	2011~2018 年
Canada	3.7693	2011	2012	
growth	7.8785	2011	2014	
ecology	2.9262	2011	2012	
USA	5.9031	2011	2015	

续表

关键词	突现度	骤增年份	骤减年份	2011~2018 年
time series	4.4675	2011	2013	
transport	3.0725	2011	2012	
trace element	3.5719	2011	2013	
British Columbia	3.1844	2011	2012	
disturbance	5.1315	2011	2012	
chemistry	4.4675	2011	2013	
environment	4.833	2012	2014	
record	4.9624	2012	2014	
pollen	3.7166	2012	2014	
lake	2.4178	2012	2013	
North America	6.7723	2012	2013	
New Zealand	2.9442	2012	2013	
rocky mountain	6.2338	2012	2014	
reconstruction	5.1009	2012	2014	
species richness	3.7209	2013	2014	
Colorado	4.2115	2013	2014	
deposition	5.447	2013	2016	
glacier	6.4636	2014	2015	
Europe	5.7799	2014	2015	
late pleistocene	3.2762	2014	2015	
nitrogen	5.4771	2014	2015	

　　采用 CiteSpace 软件通过对研究单位出现的频次及合作情况进行识别发现，中科院各个研究所和四川、重庆、云贵地区的高校团队作为主要的学术团体分别从不同视角丰富了山区人地系统的相关研究，但在合作联系上，除中科院相关院所联系较为紧密之外，其他研究单位之间总体呈分散状态（见图 2-7）。从研究领域来看，中科院研究所侧重在宏观层面人口资源环境的系统研究，重庆大学主要集中在山地城镇和乡村演化格局与优化对策研究，其他高校则发挥其在景观格局、水土保持、资源承载及保障等领域的学科优势，共同为推动山区

人地系统的理论体系构建奠定了坚实基础。在国际研究中中科院也成为发表文献最多的机构，其次为伯尔尼大学、兰州大学、美国地质调查局、科罗拉多大学等学术机构。

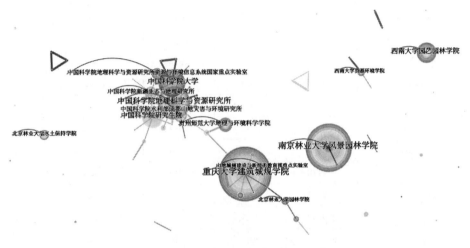

图2-7　国内研究机构合作网络图谱

　　从国内外研究比对和总体文献特征来看（见表2-3），有关山地区域的研究涉及学科较多，其中较为突出的是气候学、生态学、地质地貌学，地理学科相关成果在其中还稍显薄弱，研究国家和机构总体呈现较为分散、孤立的状态。尽管研究成果丰富，但总体处于重实证、轻理论阶段，研究成果还停留在各自学科内部，未在山地综合研究上取得突破性进展。[65] 在研究内容方面，国外由于山区人口较少，较为关注山地环境和生态问题，国内早期主要关注气候变化、水土保持、山地灾害等环境问题，近年来才把关注点从山地的"地"转向居住在山地或受山地环境变化影响的"人"上来。与平原地区相比，尽管远离人类经济活动中心、涉及问题也较为复杂，但因其极为重要的生态安全价值、资源开发价值和理论探索价值，山地区域的综合性研究必将伴随着学科体系的清晰和完善，成为越来越受国内外学术界持续关注的重要科学问题。

表 2-3　山地研究现状国内外对比

类别	国际	国内
关键词前 12 位	climate change、vegetation、climate、forest、China、model、precipitation、dynamics、variability、temperature、impact、pattern	GIS、山地城市、山地、滑坡、山区、泥石流、生态环境、山地灾害、石漠化、土壤、可持续发展、地理信息系统
研究机构前 10 位	Chinese Academy of Sciences、University of Chinese Academy of Sciences、University of Bern、Lanzhou University、US Geological Survey、University of Colorado、Canadian Society of Immigration Consultants、US Forest Service、Polish Academy of Sciences、Colorado State University	中科院地理科学与资源研究所、重庆大学建筑城规学院、中科院成都山地灾害与环境研究所、中科院研究生院、中科院新疆生态与地理研究所、中科院大学、贵州师范大学地理与环境科学学院、中科院地理科学与资源研究所资源与环境信息系统国家重点实验室、北京林业大学水土保持学院、贵州师范大学中国南方喀斯特研究院
发表期刊前 15 位	*WATER RESOURCES RESEARCH、GEOMORPHOLOGY、QUATERNARY INTERNATIONAL、ATMOSPHERIC ENVIRONMENT、JOURNAL OF BIOGEOGRAPHY、SCIENCE OF THE TOTAL ENVIRONMENT、GLOBAL AND PLANETARY CHANGE、QUATERNARY SCIENCE REVIEWS、GLOBAL CHANGE BIOLOGY、PALAEOGEOGRAPHY PALAEOCLIMATOLOGY PALAEOECOLOGY、MOUNTAIN RESEARCH AND DEVELOPMENT、CLIMATIC CHANGE、ENVIRONMENTAL POLLUTION、CRYOSPHERE、QUATERNARY RESEARCH*	山地学报、安徽农业科学、水土保持研究、水土保持通报、中国水土保持、水土保持学报、生态学报、规划师、山地研究、测绘科学、城市规划、测绘通报、地理学报、地理研究、建筑学报

二、山区资源环境承载力研究

承载力研究始终是近年来地理学界关注的重点。山区作为特殊的地理类型区，复杂的地形地貌和脆弱的生态环境使真正适宜人类生存的土地空间极为有限，[70]因此，开展山区承载力评价是合理利用山区资源、协调山区保护与开发的重要依据。1972 年，Meadows 首次发表了《增长的极限》，建立了著名的"世界模型"——Dynamo 模型，用以分析人口增长、经济发展与资源消耗、环境恶化和粮食生产之间的关系。[71]Sleeser（1990）采用系统动力学 ECCO 模型模拟不同策略下的人地关系状态及增加承载力的区域发展最优方案。[72]承载力的研究核心，即描述一定区域内自然环境与人类活动间相互作用状态（协调或压力），分析自然环境对社会经济发展的最大承受可能（阈值）。其研究属性要求采用定量化的方法反映"地"与"人"之间的复杂耦合、反馈关系，可以表达为资源保障、环境容量和灾害风险的函数。[73]当前的研究主题逐渐涉及土地、水资源、能源、生态基础等诸多方面，从概念上又分生态承载力（生态足迹）、资源承载力、环境承载力等，研究视角也从单一要素逐步向资源环境、经济发展、社会模式多要素的综合研究上过渡，中华人民共和国国土资源部 2016 年出台的《国土资源环境承载力评价技术要求（试行）》中承载力概念的综合性更加凸显。

相较于平原地区，山区的资源环境承载力研究相对较晚，集中于 2000 年以后。2008 年汶川地震后，山区承载力评价研究引起学界高度重视，邓伟（2010）认为承载力应重视"国家性"特征、少数民族文化特征和空间分异特征，[7]樊杰（2008）认为承载力评价是灾后恢复重建规划的重要支撑和依据，并在多个灾后重建承载力评价过程中逐步形成技术方法路径。[74]同时，基于承载力的山区国土开发适宜性评价和功能地域识别技术逐渐成为深入刻画、探索山区人地关系的新的研究视角。从研究历程来看，承载力研究已发展为从分类到综合、从定性到定量、从基础到应用标准化的系统评价方法[75]，成为国家划定山区生态保护红线、实现资源可持续利用的重要科学判据，但研究方法在综合复杂地质承载、山地灾害承载等方面还存在薄弱环节，也亟待突破承载阈值界定与关键参数率定的技术瓶颈，[76]从研究尺度上而言，全国性山地整体承载力和区域差异比较研究还尚未深入系统地开展。

三、山区人地系统空间格局研究

对不同尺度下人口分布、资源利用、城乡建设时空分异规律和影响因素研究是山区人地关系地域系统研究的核心，近年来，RS 与 GIS 的广泛应用使得对山区人地空间格局的刻画更为直观和深入。目前研究关注重点主要包括空间分异数量、分异特征和分异机制等方面，研究发现山区不同地域类型呈现要素差异化的结构特点，[77]随着分辨尺度的缩小，人口分布疏密不均的特点更为突出，变异系数迅速扩大。[78]另外，复杂的地形地貌和环境、文化差异造成山区人地关系特征也较其他类型地域更加多元，空间分异也更加明显。在众多分异影响因素中地形高差是核心要素，有学者借助障碍度模型发现山区贫困空间分异与地形环境要素密不可分。[79]因此，更多研究将重点放在高差梯度影响下的空间垂直分异特征上，创立了山区空间垂直分异的理论体系。[80]山区垂直分异研究从早期森林植被、气候、土壤的分异特征描述逐渐转到气候、地形对植被、地貌、人地系统其他要素的相互影响上来，研究方法也从以传统计量学为主发展到垂直带谱结构模型[81]等方面，形成了山地系统独特的研究视角和方法体系。不同于自然地理学，人文地理学更加关注垂直方向上的环境变化对人文社会系统的影响。刘彦随（2001）探讨了土地结构、土地类型在垂直带层的分异规律，提出山区土地利用优化配置思路[82]，封志明等（2007）重点探讨了人口、经济发展与地形起伏度的关系，[83]王青等[84]（2013）、付星基等[85]（2018）分别研究了聚落、建设用地密度的垂直分异特征及影响因素，特别是发现了民族类型、地域文化随海拔变化的规律及其相互关系。尽管垂直分异特征成为共识，但现有研究仍存在重实证、轻理论的问题，研究内容上以识别分异特征为主，对时间序列下的分异演化、分异机理和人地关系分类调控研究开展较少。

四、山区人地系统演化研究

以人为主导要素的空间演化研究可以为人类定向影响生态环境并使其向良性方向演化提供依据[86]。国内主要关注景观生态格局变化、农村聚落演化和土地利用/土地覆被变化（LUCC）等方面。景观生态格局变化主要采用多样性指数（Landscape Diversity Index）、优势度指数（Dominance Index）、均匀度指数（Evenness Index）、破碎化指数（FN）、分维数（Landscape Fractal Dimension）、动态度（K）等指数进行分析，能较好地反映山区人类活动和自然环境演化的特征。相关研究发现人为活动干扰是景观格局变化的核心因素，且加速了景观的破碎化和复杂化，[87]进而影响生态服务价值发生变化。[88]LUCC作为揭示人地作用变化的综合表达、描述手段，因其空间、时间序列演绎的复合性特征，引起学术界的广泛关注。山区耕地、建设用地、林地的变化相对最为明显，按照时间序列呈现缓坡变化先于陡坡变化的特征，影响因素主要为开垦、建设用地扩张和植树造林活动，[89]与平原地区耕地变化较为剧烈不同，山区林地成为变化最为迅速的地类。[90]山区聚落空间演进及其机制研究是观察研究山区人类活动变化的重要载体，现阶段研究区域集中在云贵山区、黄土高原等西部山区。不同于平原蔓延拓展外扩的特征，[91]山区聚落受地形变化影响多具有多核化、分散化、跳跃式演进的特征，[92]部分地区也呈现居住重心海拔高度下移、民族垂直分异特征减弱、[93]聚落"空心化"加速的演化特征。[94]

五、山区人地作用机制研究

地形地貌是导致山地各种生态现象和过程发生变化的主要因素，而在这一过程中人类活动是人地相互作用演化的最主要动因，通过资源开发利用方式加以影响，其相互作用通过人类对土地的不同利用方式得以实现。[15]随着山区生态效应以及变化引发区域乃至全球环境灾难的风险不断加剧，人类社会面临日益严重的环境安全胁迫，[95]学界对山区环境变化及可持续发展的影响研究有增无减。研究发现，山地区域垂直梯度效应、生态敏感性及环境复杂性等特征使人地系统的相互作用和演化进程相比平原地区更为显著与迅速，山地环境变化过程中的灾害影响对人地系统结构的稳定和可持续性起着关键的"干扰"作用，[96]如李旭旦（1941）认为，白龙江中游地区乡村聚落兴衰、人口迁移与其附近的地形变迁、自然灾害有关。[97]但越来越多研究证明，在人地关系的演化过程中，人口增长和经济活动是人地关系演进中的决定因素。[98]从历史角度来看，山区人地作用关系良性或是紧张取决于人口活动的强度、密度和资源利用方式的集约程度，[99]影响山区人地关系的因素来自于山区内部动力、外部推力和内外交流，变化的机制根本为惯性改变和文化改变。[2]张力仁（2008）运用时空剖面分析法发现人地"自由"状态下，人类行为倾向于人文因素影响，环境压迫状态下体现为环境有限选择和被动选择。[16]近年来越来越多的实证研究证明，人类非理性的经济社会活动造成了山区的环境变化、稳定性改变、生态退化和灾害频发，而这些变化又进一步影响山区的人类活动方式，继而循环往复。

六、山区人地系统研究方法

（一）综合评价模型

Krueger 和 Grossman（1991）首先提出的环境库兹涅茨曲线用以研究环境恶化和收入水平之间的关系，是研究经济发展与生态环境关系的经典理论假设。[100]后期人地关系评价研究主要以指标体系法为主，较为注重指标体系的科学性，权重多以层次分析法、熵值法和模糊评价法确定，同时指标选择也呈现维度复合化趋势，更强调经济效益、社会效益、生态效益的总体均衡。温晓金等（2016）的脆弱性评价体系解决了时空精度较粗、目标过于含糊的问题，[22]贺祥（2014）运用熵权灰色关联法与 VSD 评价框架进行了贵州山区脆弱性评价，[13]王青等（2004）的 Pattern 法弥补了单要素分析的不足问题。[98]另外，有学者采用耦合协调度评价方法对人地关系进行系统评价，该方法不仅能对人地各子系统的自身特征和发展差距予以评价，同时在刻画一定时期内人地之间协调、胁迫、拮抗的相互关系方面较为准确、客观。[24,29]指标体系评价法具有数据易于收集、改进灵活、针对性强的优势，但还存在权重赋值主观性强、对机理刻画不深的弊端。当前山地研究指标体系构建中对经济、自然系统较为重视，多突出地形起伏度、森林覆盖率、水土保持度、石漠化程度及环境容量等相关指标的选取和权重，容易忽视贫困发生率、居民受教育程度、公共设施保障度等社会效益相关指标。耦合协调度模型还存在多系统理论解释复杂，公式、阈值范围误用等[101]明显问题，尽管适宜长时间序列的演化研究，但对静态时刻人地关系绝对状态的刻画不够准确。

（二）资源环境承载力模型

承载力模型是衡量人地关系的重要定量方法，对于测度山区自然环境与人类活动平衡关系优势明显。承载力模型最早为 Meadows（1984）提出的 Dynamo 模型，用以分析人口增长与粮食生产之间的关系。[71]我国早期的研究主要采用耕地压力指数模型、水资源承载模型和生态承载力模型。其中生态承载力模型是在"生态足迹"的概念基础上形成的，在衡量生态敏感地区承载力及可持续发展状态方面具有独特优势，引入我国后在山地区域的应用取得不少进展。[20,102]另外，还有学者在生态足迹的基础上引入区域可持续发展指数（ISD）、生物承载力压力指数用以评定人地系统的可持续发展状态。生态足迹模型具有易计算、可比性强等优点，但因为对区域发展水平差异、生活质量高低考虑不足，存在土地功能多样性体现不足、生态账户涵盖不全面等问题。[63,102]也有学者结合生态学科和环境学科的相关理论，提出了生态承载力的改进方法，如自然植被净第一性生产力测算法、供需平衡法等。[103,104]近年来山地承载力模型的集成程度逐渐提高，在指标体系的建构和方法集成上不断强化山地区域的针对性，但同时也存在静态评价多、动态预测少等问题，缺乏资源环境系统和社会经济系统的反馈机制研究，[7]仍需加强承载力阈值界定、关键参数率定、综合计量与集成评估等关键方法技术的突破。[30]

（三）空间分布指数模型

地形地貌影响下山区土地利用、空间分布格局一直受到地理学的重点关注。目前空间格局分异研究跨过了要素分异、类型分异进入指数分异、机制分异的研究阶段，以各种空间格局指数为表征的空间分异以及内外机制的研究可进一步将山区人地关系研究推向定量化和深入化。目前山区空间分布指数主要包括景观格局指数、土地利用指数等。不少学者常用景观、土地综合指数、动态度等来刻画景观特征和土地利用的分布格局，[105,106]用变异系数和 Moran's I 指数研究空间集聚和空间分异规律，[78]采用空间形态指数（空间分形维数、空间紧凑度指数、Boyce-Clark 形状指数）研究山区城市空间扩展、农村居民点变化，用以探测地形对建设用地空间扩展的影响。[107,108]从目前的研究来看，空间分布指数可以有效描述和刻画山区人地要素在不同区域间的结构差异，但方法主要还是以借鉴平原地区为主，还未显示出指数模型在山地区域研究的明显优势，尤其是复杂地形系统下的模型有效性验证开展较少。

（四）系统动力学模型

系统动力学模型是依靠计算机模拟技术通过结构功能分析、研究和解决复杂动态反馈性系统问题的仿真方法，[109]能较好地反映人地系统演化的独有特征，逐渐开始用于解决水资源、土地资源、产业结构优化以及人地关系的协调等方面的问题。山地研究领域的应用主要有利用农林牧优化结构调控模型进行资源利用方式动态模拟仿真、[110]城镇用地扩展情景模拟等。[111]系统动力学模型在预测山区未来变化和提供决策支持方案方面具有明显优势，其非线性特征和反馈系统可以有效改善预测模型的过程固定化问题，但因其所需数据量大且相互关系复杂，模拟过程较为抽象，现有研究的许多变量设置缺乏足够依据，因此尽管在人地关系较为复杂的山区实践研究中十分必要，但总体成果不多。此外，因为人地关系地域系统研究的空间维度特征，结合、整合具有较高地理空间信息处理和可视化表达能力的地理信息系统（GIS）、元胞自动机（CA）模型，实现时间数据、属性数据和空间数据的交互，将成为系统动力学模型在山区地理学科应用研究中的重点方向。

（五）垂直信息图谱模型

地学信息图谱是由陈述彭院士首次提出，用地图、图表、曲线或图像抽象表达地学时空演进规律和空间分异的一种多维图解研究方法[112]，在地理信息的可视化表达、空间查询、多维时空分析和模拟方面具有明显优势。在此基础上，张百平等（2003）提出一套基于山地垂直分异特征的山地信息图谱理论和数字化研究方法，该方法将垂直带谱数据模型作为内核，重点研究水平地带分类、垂直带分类，首次实现了山地地理环境系统垂直带谱的数字集成。[81]目前的研究主要采用 Microsoft Excel 提供的数据地图、AML 语言组合 ArcGIS 功能模块和MATLAB 软件编程实现山体 360°带谱数字识别算法，实现了带谱与地理位置的数字连接，此外，相关学者还尝试了山区垂直带谱分布的二次曲线模型验证。[113,114]另有研究者借鉴信息论模型，将山区人地系统时空信息流通过征兆、诊断、实施三个类型的图谱进行综合性表达、分析和反馈，建构了一种将山区人居环境进行图形化时空信息映射的系统方法论。[115]图形化、数字化，尤其是山地垂直分异和地学时空演进规律的图谱化是山区人地系统研究由传统范式提升到空间信息研究定量化、科学化的重要步骤，以此为基础的研究也将成为未来热点。

（六）"3S"、大数据、云计算支撑下的新技术和新方法

当前地理学已经完成了从定性描述研究向定量化地理科学的转变，全球定位系统、遥感、地理信息系统（"3S"技术）已经贯穿于解决地理学问题的各

个环节。[63,116]山区地形、生态、气候极为复杂，不少高海拔区、生态恶劣区相关地类、环境数据获取难度较大，RS 遥感和 GPS 定位技术可代替人类肉眼和传统仪器观测，实现覆盖山区全域、不同尺度和精度的全要素观测。GIS 强大的数据管理和空间分析功能可以进行多要素相互作用的高精度及定量化过程模拟，为区域性综合研究提供决策支持。[117]如在山区聚落生态位垂直分异、山区建设适宜性评价相关研究中，采用 RS 解译识别空间信息、GPS 野外定位标志校正、利用 GIS 平台建立数据库和空间分析等综合定量集成研究方法，相比传统方法要更为直观和有效，目前遥感技术已普遍应用于山区土地利用、[89,90]聚落演化、[118]景观生态格局演化[87,88]等研究领域。此外，以大数据、云计算为代表的全方位、数字化数据观测、存储和分析手段正逐渐成为山区地理科学研究的重要支撑，如何运用新技术手段处理气象、地形、生物、人居环境观测数据和史志文献资料，用以分析和预测山区承载力现状、人地系统格局演化，对于应对气候变化、保障生态安全和协调人地矛盾显得尤为重要，未来必将受到重点关注，并推动山区人地系统研究的进程。

第三节　研究评述

一、现状评述

基于上述国内外山区人地系统研究进展分析，从研究视野与属性、研究内容和研究方法等方面对研究现状进行评述，并对研究方向和趋势进行展望。

（一）研究视野与属性：学科综合性趋势明显，人文地理学研究内核凸显

从研究现状和进展来看，"山区人地系统""山人关系"作为地理学在山地区域的研究内核已成为广泛共识，不少学者基于"正是由于对山地的观察以及对山地自然环境特点的系统归纳催生了最早的地理科学"[119]这样的认识，提出应在地理学"山区人地系统"研究基础上构建独立的"山地学"学科理论体系，但由于"山地学"的定义、科学属性和学科地位等基本概念仍不明确，地

理学目前的研究仍以"山区人地系统"概念作为主要研究对象。同时，随着山地环境退化、自然灾害频发和日益突出的山区经济落后、人地矛盾问题，山区人地系统研究的多学科综合性也日趋明显，目前已涉及生态学、地质学、地貌学、气候学、经济学、社会学等多个学科体系，但以资源环境承载力、空间格局演化、驱动机制为核心的"山人关系"仍然是山地区域在地理学尤其是人文地理学中的研究核心，当前研究重点已由单纯关注山区自然环境变化逐渐转移至重点关注山地环境与人类的相互作用，通过生态保护、合理开发促进人与自然和谐共生，研究视角上也有了进一步扩大，开始关注山区战略资源储备与可持续发展、山地灾害与安全防治、粮食安全保障、山区振兴与人类福祉提升等全球性问题。

（二）研究内容：研究领域广泛、成果丰富，但理论基础和系统性有待加强

与国内相比，国外山区人地系统研究更加侧重于山地环境和生态问题，尤其关注气候变化下的生态环境演化问题，学科涉及生态学、森林学、动植物学和气候学，将水文循环、水源涵养、碳循环及气候圈层作用作为山地学的主要研究方向，通过研究地球圈层间的相互作用关系探寻山区生态环境演化的驱动机制，研究范围多集中在喜马拉雅山、安第斯山、阿尔卑斯山和落基山等几大主要山系；[120]近年来随着地球生态环境的进一步变化，冰川退化、[121]高山林线演化、[122,123]带谱迁移、生物多样性格局变化、山区环境变化监测、山区脆弱性与环境风险评估等[130,131]问题成为全球山地研究的前沿领域；国内早期主要关注气候变化、水土保持、山地灾害等环境问题，近年来将重点逐渐转向山区人地系统的综合协调方面，围绕山区承载力的产业经济开发、[132-134]山地资源开发与保护、[135,136]城乡建设模式与调控、[137-139]山地灾害形成及防治[11,14]等研究成为山区实践应用领域研究的热点。

总的来看，国内外研究内容涉及领域广、目标明确、成果丰硕，但存在以下几方面问题：①学科融合和内容系统性不足，重实证、轻理论。山地研究涉及地理学、地质学、生态学、生物学、环境学、气象学等多个交叉学科，但目前还处于独立发展、相对分散的状态，对山地自然过程与人文过程的交叉融合研究相对不足，在理论系统性构建方面尚处于初级阶段，实践层面的空间管控一直缺乏有效的理论指导。②对山区要素时空分布、关系演化的驱动机制研究

不足。山区人地系统结构、功能以及自然生态分布格局和演替进程相比平原地区更加显著和迅速,目前研究多以识别分异特征和刻画要素变化趋势为主,对人口、聚落、土地利用时空格局演化的影响研究不够,尤其是对生物带谱、水碳循环与人类活动互动演化及深层次影响机制问题涉及较少。③对多尺度下的差异对比研究不足。在复杂地形条件下,山区垂直差异明显、环境演化迅速,目前对不同地形条件下时空演化差异,不同时间、空间尺度下人地关系的地域差异性和关联性还值得进一步研究。④对环境变化下的山区监测、预警、评价和响应关注不够。由于山区环境与地形十分复杂,对其空间演化监测的总体难度较大,同时受制于承载力、生态容量,研究结论的科学性仍存在争议,因此,在此基础上的人类活动预警、评价、响应及空间管控研究总体滞后,影响了山区人地系统理论构建进程。

(三)研究方法:定量化和数字化不断加强,但山区针对性有待提高

山地具有浓缩的环境梯度、高度异质化的生境以及相对较低的人类干扰强度。[141]山区人地系统的研究视角和方法除了需要借鉴其他类型的地域系统外,更应该具有针对性和特色性。目前综合评价、协调度模型、承载力模型、生态足迹、系统动力学、灰色关联法及空间分布指数模型等定量分析手段已逐步应用于山区人地系统的研究中,成为山区演化发展的因素和作用强度、长时间序列人地系统相互适应和互相促进的规律总结、环境资源与社会经济系统的时空协调等科学问题的重要研究手段。近年来,随着大数据和"3S"等前沿技术的介入,围绕环境变化、人口流动、灾害影响等热点问题,有效利用多源融合数据开展多尺度山地垂直带谱的分析、表达和预测山区人地关系演化成为热点,数字遥感和计算机深度学习等方法也开始被重视。

尽管关于山区人地系统的研究方法、手段及其科学性都在不断完善和增强,但仍存在以下几个薄弱环节亟待加强:①指标体系和模型选择主观性强,在复杂山区的适用性有待证明。目前相关研究方法中指标和模型选择还主要以参照平原地区为主,对反映复杂山区关键特征的指标选择有所缺失,评价阈值界定和关键参数确定仍较为主观,复杂地形系统下的模型有效性验证开展较少。②时间尺度与空间尺度、水平维度与垂直维度的交互研究不够。山区人地系统演化的长期性和地形的复杂性决定其相关研究具有多个时空维度。目前研究大

多停留在单尺度，对不同尺度的差异、关联及相互影响关注不够，尺度交互研究不足，尤其是垂直方向上对不同地形条件的时空演化对比研究总体较少，影响了研究的全面性。③人地关系监测与调适、空间发展决策支持方面研究方法总体薄弱。采用科学方法指导实践是引导山区人地系统优化发展的主要方向，因此面向山区空间优化调控的大数据监测、管理，动态调适模型构建，决策支持工具开发等在将来应重点加强。④对传统定性研究方法的重视程度不够。不仅要重视大数据、信息模拟可视化和网络分析等新型技术方法，同时也不能忽视传统文献调查、实地探勘和访谈质性研究对于探测文化、民族、社会内涵等山区演化内部惯性动力机制的固有优势，尤其需要强化新技术与传统方法的融合创新。

二、启示与总结

山区人类活动建设缺乏系统化的理论指导，致使生态恶化、环境问题频现，因此山区人地系统的复杂属性、山区人地矛盾日益凸显的趋势及山区生态文明建设的迫切性等都要求地理学科进一步加强与其他学科、机构的深度融合，对山区人地关系的属性特征、古今哲学观、人山互动关系与演化机理、人山关系调控模式和复杂环境变化下人类活动响应等重点科学问题进行系统研究，建构理论与方法体系框架，不断丰富人地关系地域系统这一人文地理学研究理论核心。未来应将研究的重点由单纯关注山区自然地理环境变化逐渐转移到深入剖析山地资源环境与人类相互作用、系统构建山区"人"与"自然"和谐关系的研究范式上来，在研究视角上也应进一步关注山区战略资源储备与可持续发展、山地灾害与安全防治、生态安全保障、山区振兴与人类福祉提升等全球性问题，这些问题的解决都有待于对山区人地系统的科学认知。

当前我国有关山区人地系统的研究内容从广义而言涉及山区自然环境演变与机理、山地资源开发与保护、产业经济与社会发展、山地灾害形成及防治、城乡人居环境建构与调控等多个方面，从人地关系视角来看重点关注山区资源环境承载力、人地关系时空分异与影响因素、人地系统空间演化、人地相互作用与驱动因素等问题，研究方法从传统的史志挖掘、系统评价、动态模拟开始转向利用多维图谱、大数据、云计算等新型手段。当前研究开始逐渐重视山区水资源、植被生境、地质灾害的演化及对人类活动造成的影响和反馈作用，以承载力为代表的资源环境容量和人类活动底线研究受到空前重视，下一阶段学术研究的重点应集中于在此基础上的环境变化监测、预警体系搭建和空间调控决策等方面。未来随着学科的进一步融合、学科特征的明晰以及研究内容的人文转向，山区尤其是山区人地系统研究的综合属性、空间属性、人本属性必将进一步凸显。

因此，未来的研究应主要关注以下几个方面：

（1）突出山区人地系统理论体系的多学科融合特征。

（2）多尺度、多维度交互下的人地时空演化规律、驱动机理及系统性研究。

（3）基于山区人地系统脆弱性、易扰动性和垂直分异特征的研究方法深化创新。

（4）结合生态文明建设，加强地理环境变化下的山区监测、预警、响应及人地关系调适、决策研究。

第三章
理论基础

本章依托人文与经济地理学、区域经济学、生态环境学和管理学等学科相关基础理论，从人地系统、空间均衡、空间管控三个方向对山区人地系统的特征、要素、结构、作用机制、状态评价以及管控决策等方面进行理论研究，厘清彼此之间的区别与联系，力图构建出空间均衡模式下山区人地系统及空间管控的理论框架体系，从而为本书所做研究的顺利开展奠定坚实的理论基础。

第一节　山区人地系统理论

一、基本特征

山地具有浓缩的环境梯度、高度异质化的生境以及相对较低的人类干扰强度，是景观多样性和生物多样性的集聚地，蕴含了极为丰富的生态和地理信息。[141]相关研究表明，山区人地系统的区域差异非常大，除拥有与平原相似的特征外，同时还具有动力系统的复杂性和不稳定性、物流和能流循环系统的不完整性及人山关系利益公平分配的困难性。结合相关研究，对山区人地系统特征进行总结，发现其具有以下几个有别于其他地域的明显特征。

（一）垂直分异特征

垂直分异、高度分层是山地特有的地域分异特征。由于地形的关系，山地区域自然、经济和社会系统在垂直方向上的变化十分明显。相关研究发现，山地自然景观垂直梯度变化较大，大约是水平梯度变化的1000[15]倍。山地是具有一定海拔高度和坡度的特殊自然—人文综合体，在空间尺度上具有区、带、类三个序列的分异格局，即在宏观层面上其基带处于一定的水平自然地理区，自身受垂直地带性分异规律影响，而在中观层次上形成不同的垂直带层分异，以及各带层内又因地形、坡向、土壤和植被等自然要素差异引起土地类型的组合分异。[82]例如，在海拔和地形地貌的影响和控制下，山区的自然景观、农业景观和开发利用方式呈现规律性变化，高海拔、高坡度区域多以林业、林牧业为主，低海拔、低坡度区域则更多以高产农业、农牧业等利用方式为主；山区的人文系统也呈现垂直分异的空间特征。因为海拔和气候的影响，山区人口密度、经济强度、村庄聚落个数、交通可达性和公共服务能力都与地形海拔和起伏度呈明显的负相关性，海拔越高，地形起伏度越大，人类活动强度越小，经济社会系统发展越落后。因此，山区作为相对独立的地域综合体，在人地关系上也就出现了自然—人文综合性的垂直分异、高度分层特点，并且这种垂直分异较之水平分异也呈现差异更明显、变化幅度更大的规律性特征。

（二）高度脆弱性与敏感性

山地坡面物质不稳定，地质构造复杂，对外部环境的变化极为敏感，而影响坡面物质稳定性的主要因素首先是这一地区的相对高度和坡度，其次是气候、降水、土壤和植被因素的变化和差异。[65]这种自然环境的不稳定和敏感性同样会作用于这一地区的人类活动，因此山区人地系统具有十分明显的脆弱性和敏感性特征。山区生态环境的脆弱性由其特殊的地理条件所决定。山区生态环境抗干扰能力低下也是山区环境脆弱性的重要表现。所谓抗干扰能力低下，就是在内外因素的扰动下，系统难以恢复到以前的状态[142]。一般来说，山区海拔高、气候寒冷、空气稀薄、土壤发育程度低、土层薄瘠、生物化学过程缓慢、有机质含量低，山地土壤和植被一旦遭到破坏，则难以恢复。山区地表形态破碎性和坡面物质不稳定性造成山区发生水土流失的概率成倍增加，加上山区生态系统遭遇环境变化的反馈能力较弱，因此一旦开发强度不适宜、植被遭到破坏，必然会进一步加剧水土流失和环境破坏，山区环境的自然恢复必然需要经历更长的时间。除了自然环境外，山区的人文环境同样存在明显的脆弱性特征。山区人文环境的脆弱性主要表现在山区社会的边缘性和落后性，经济社会系统的恢复能力有限，同样由于地形破碎、交通不便、发展空间受限，山区的经济社会发展落后问题很难快速有效解决，山区应对外界环境变化的反馈调整速度较慢，一旦陷入经济贫困，经济社会恢复同样需要经历很长时间。

（三）分散性、边缘化与封闭性

由于高山河谷阻隔、地理交通不便，长期以来，山区人文社会环境具有地域分散性和封闭性的特点。山区所具有的相对封闭性源于其地理区位的偏远化和其所处发展阶段的滞后化[7]。受地形影响，山区聚落一般规模较小，人口稀少，聚落与聚落之间距离较远，在空间上呈现分散布局特征，这就造成聚落之间以及山区内外在经济和文化上的交流较少，呈现地理上和文化上的边缘化和封闭性。另外，中国山区长期以来就是少数民族的主要聚集地，极大的地域差异性和复杂的地质地理条件，加上地理区位和聚居族群的双重边缘性，使绝大多数山区的基础设施建设和社会发展水平都远低于平原地区，长期处于落后封闭状态。[7]由于山区聚落和社区在地域结构上的分散性和封闭性，许多山区居民在生产上表现出以本地资源利用为主，且具有较高的自给自足能力，在社会关系上多表现为民族意识强、血缘和宗法关系密切。在历史上，山区多为人们躲避战乱和远离尘世纷争的藏身之处。[15]另外，山区的边缘化和封闭性不仅造成生产方式的落后和经济发展的边缘化，同时也造成山地居民思想保守，对外来文化和经济的驱动响应较为滞后。

（四）易受自然灾害的侵扰且恢复力弱

山区起伏的地形与复杂生态系统，决定了山区与平原拥有差异非常大的地域系统特征。山区自然灾害又是复杂生态环境与人类活动共同作用的产物，因此，山地城市灾害较平原城市灾害更为复杂多变。[140]山地特有的能量梯度使之成为泥石流、滑坡、崩塌、雪崩、土壤侵蚀、山洪等自然灾害的发育区。[143]山地灾害具有复杂性、频发性和不确定性等特征，且灾害链现象突出，大规模灾害后容易形成孤岛。[140]据国土资源部门统计，我国山区每年发生灾害数千至上万起，7400万人不同程度地受到山地灾害的危害和威胁，2001~2010年全国滑坡、泥石流等突发性灾害共造成9941人死亡和失踪（不含汶川地震期间由滑坡、崩塌和泥石流造成的约25000人遇难数据），平均每年约1000人。[143]我国山区自然灾害之所以频繁发生，一方面，由于山区人口多，聚落分布广，人类活动频繁。随着山区人口的扩张，许多村庄、道路和房屋不断建在自然灾害危险区和隐患点上。山区人口的广泛分布和留守弱势人群的增多无疑增加了山区人文环境的脆弱性。[144]另一方面，由于文化和教育水平落后，山区居民对自然灾害规律认识有限，科学防范和抵御自然灾害的意识和能力较弱，加上医疗条件、交通条件差，一旦发生灾害，山区的经济社会系统很难快速恢复。因此可以说，山区人地系统脆弱性的一个直接的表征就是自然灾害的频发，山区自然环境的脆弱性决定了山区自然灾害事件多样而频繁，而山区人文环境的脆弱性决定了山区发生自然灾害的可能性大大增加。[11]

（五）人地矛盾的难以调和性

近年来，山区人地系统的研究逐渐受到重视的一个原因是山区人地矛盾逐渐显现，无论是环境变化、资源紧缺和社会发展落后等问题已经逐渐影响到山区甚至是平原地区的整体协调发展。而由于山区所特有的人地系统特征造成了山区的人地矛盾很难在短时间内得以解决和调和。由于地形、地质和气候变化因素的影响，山区自然环境具有明显的不稳定性和脆弱性特征，而人文系统则相对封闭和稳定，表现在对环境变化的适应能力和响应能力均较为低下，特别是在海拔较高、气候恶劣的高山地区和人口规模较大、经济发展落后的地区，自然生态和环境资源的承载能力与经济社会的发展需求很难有效匹配，因此，人地矛盾将会长期持续存在，优化调控人地矛盾的实施效果很难在短时间内显现。

二、要素和结构

人地系统是地球表层上人类活动与地理环境相互作用形成的开放复杂巨系统，是以地球表层一定地域为基础的人地相关系统，即人与地在特定的地域中相互联系、相互作用而形成的一种动态结构。[57-59]

人地系统是由自然要素、社会要素和经济要素等诸多因素通过复杂的非线性作用组合而成的具有整体性特征的复杂巨系统。在空间上具有区别于其他系统的形态、特征和边界，在时间上具有其特定的整体连续和深化过程，各个组成要素之间具有一定的关联性，[145]同时系统的结构和功能也具有关联性。整体性的人地系统又可按照要素的差异、相互组合关系及不同的时空尺度分解成多个子系统和不同的结构表达方式。根据要素的数量和分布方式可将人地系统划分为"二元结构"（自然要素结构和人文要素结构）、"三元结构"（经济结构、社会结构和生态环境结构）、"四元结构"（人口结构、资源结构、环境结构和发展结构——PRED 结构）、"六元结构"（由人口 P、资源 R、生态 E、环境 E、经济 E、社会 S 六大要素组成的 PREEES 综合发展系统）。[146,147]根据要素的差异可将人地系统结构划分为由人与人之间关系组成的高层次的经济结构与社会结构和由大气圈、水圈、生物圈、岩石圈、土圈组成的高层次的资源结构、环境结构等几个方面。[148]根据要素间相互作用的差异可将人地系统划分为人类需求结构、人类活动结构、地理环境供给结构和区际关系结构四个方面。[149]另外，还可根据尺度差异分为宏观尺度结构、中观尺度结构和微观尺度结构，根据系统的相对位置可以分为系统内部结构和外部结构，根据系统时空演变特征可以分为时间结构和空间结构等几种类型。[145]

上述划分标准和系统类型为人地系统研究提供了不同的角度和思路，且重点有所差异，但都紧紧围绕人文地理学研究的核心，即人地系统中"人"和"地"两个方面要素及其相关关系、作用机理等，无论结构如何划分，人地系统都可以按照"人"和"地"两方面要素划分为反映人类活动的社会经济系统和反映物质承载的自然资源环境系统两大子系统。其中，自然资源环境系统主要包括水、土地、能源、矿产、海洋、草地、土壤、水文、气候等，社会经济系统主要包括劳动力、技术、交通、资本、信息和文化等。

（一）自然资源与环境

对于山地区域而言，自然资源环境系统主要由山地自然资源和山地生态环境组成，其中山地自然资源包括高峰资源、峡谷资源、洞穴石林资源、瀑布资源、冰川资源、森林资源、野生动植物资源、地质化石资源、湖泊资源、水能资源、草地资源、地热能资源、水资源、燃料资源、矿产资源、耕地资源、土壤资源等。我国的山地自然资源在种类、总量和数量等几个方面都具有重要的地位和作用，其中高峰、峡谷、洞穴石林、瀑布和冰川资源属于具有绝对优势的特色资源，森林、野生动植物、地质化石、湖泊、水能、草地、地热能和矿产资源属于优势资源（见表3-1），除此以外，山地自然资源还包括耕地资源、土壤资源、旅游资源等，而耕地资源、土壤资源因为地形地貌原因属于劣势资源。相较于平原地区，山地自然资源具有立体性、稀贵性、区域性以及互联性等特征，是我国可持续发展的重要物质支撑。[37] 山区的众多资源存在一定的联系，森林资源、水资源、矿产资源是基础性资源，基础资源的丰富进一步孕育了丰富的野生动植物、瀑布、冰川等旅游资源，而高峰、峡谷、石林、湖泊等资源是由于山区特殊的地形地貌造就而成，化石、矿产资源、地热能等资源又是由于地壳运动中森林、草地和动植物尸体腐烂沉积形成，在长期的自然环境变迁中逐渐形成相互演化、循环演替的联系状态。

表3-1　中国山地自然资源丰度排序[37]

资源丰度等级	资源量占全国比重（%）	资源名称	优势度
I 级	100	高峰资源、峡谷资源、洞穴石林资源、瀑布资源、冰川资源	绝对优势
II 级	90～100	森林资源、野生动植物资源、地质化石资源、湖泊资源、水能资源	极大优势
III 级	80～90	草地资源、地热能资源、矿产资源	很大优势
IV 级	70～80	水资源、矿产资源、燃料资源	准优势

　　山区的自然资源环境系统的另一方面是山地生态环境系统，包括山地构造地貌、山地气候、山地水文以及山地植被等方面。在山地生态环境系统内部同样存在相互依存和相互制约的关系。有相关研究显示，在构造尺度上，山地地形通过影响硅酸盐岩的风化，控制全球碳循环，影响地球气候，是气候变化的重要驱动因素之一[150]。而气候的变化，尤其是气候变化引起的冰川变化通过对水文的影响对山地地貌进行了不同程度的改造。同时，由于地势起伏大、坡度陡，山区在形成以来一直持续不断地进行着生物化学及能量的快速循环，包括辐射平衡、水热平衡、水分转化、碳循环、水蚀过程、冻融过程等，这些循环在山地水文和植被变化中体现的较为明显，而气候变化使循环的过程更加快速且复杂。此外，山地生态环境系统的快速甚至极速变化的另一个明显表征就是气候极速变化引起的局部地区环境的快速恶化、水文变化影响下的山地坡面物

质极速运动和地质构造快速变化引起的山地地质灾害等。因此，在整个自然生态系统中的各个要素都在不同区域、不同时段发生着物质循环、相互联系和相互作用，且这些相互作用过程中的要素流动和作用程度与平原地区相比都要复杂得多，科学认识这些相互作用的规律，并通过有效的手段降低和调控要素之间的转换也比平原地区困难得多。

（二）经济与社会

山区人地系统的另一个重要要素是"人"的因素，通常称之为经济社会系统。经济社会系统包括核心要素、基础要素和管理要素三部分。核心要素是人，包括人口、人才和劳动力等方面，是山区人地关系中的驱动因素。正是由于人类拥有了改造自然的能力，才使山区的各种物质资源以及技术、信息和资本转化为了生产力，改变了山区原有生态系统的自然属性；另外，人也通过数量的变化和人口素质的提升将自身转化为了生产关系中的劳动力，促进自然环境系统和社会经济系统的相互转化，进一步推动山区人地系统向前演进。考古发现的人类活动遗迹证明，最早人和环境发生作用的地区就是山地区域。而基础性要素则主要包括技术、资本、信息以及人类创造出的各种经济活动产物，如建筑、交通、农作物、工矿等。基础要素在社会经济系统的运行中不可或缺，其中交通的可达程度对于山区经济发展作用极为突出，通常意义上而言，山区经济发展落后的直接原因是交通条件的不便，导致其他的经济社会要素难以流入并带动区域发展，因此，在某种程度上可以说快速提高山区社会经济发展的重要挑战就是解决地形破碎带来的交通可达性问题；农作物的数量和质量也关系到山地聚落的粮食安全和收入提升问题。此外，山区人地系统的复杂性和开发难度决定了技术、资本、信息在山区社会经济系统中的重要作用。有别于平原地区，山区由于生态系统的脆弱性，难以通过资源密集型的大规模工业实现经济进步，更有赖于高水平的技术、信息和资本带来的物质流快速转换能力以达到经济增长的要求，因此在经济系统中应更加注重通过教育提升和知识扩散强化经济产业中的技术含量。管理要素主要包括文化、风俗和制度要素，是组成社会系统的核心要素。在山地区域，文化、风俗在很大程度上决定了不同区域生产方式和生产关系的基本特征以及不同民族、城镇、聚落在空间上的分布特征。山区区域的封闭性是文化、风俗在社会系统自组织运行中发挥关键作用的决定因素，而政治、制度等管理要素也在一定程度上影响着山区的经济社会系统的运行，如历史上山区人口迁徙除了受自然环境变化的影响外，制度和政策在其中也发挥了重要作用；另外，合理的政治体制和规章制度也是山地资源在合乎自然规律的情况下合理合法开发和保护、维持山区可持续发展的重要保证。

三、状态与作用机制

（一）互为支撑下的良性循环

人类的发展过程就是基于自然环境的支撑作用而不断适应环境并改造环境的过程，在这一过程中，人类通过生产方式和行为方式的进步不断适应自然环境的变化。在两者关系中，自然环境表现为对人类经济社会发展的支撑作用，人类获取发展中所需的各种生产和生活资料，并将剩余废物排入自然环境当中，产生了物质和能量的交换，同时自然环境也对人类具有天然的生态服务功能。由于山地资源的丰富性和多样性，人类对山地资源的依赖性越来越强，在发展过程中也在不断适应山区的自然环境。例如，为适应高山地区寒冷和缺氧环境，人类身体的生理机能在逐渐发生改变，为适应山区气候和植物的季节性变化，位于高山地区的牧区聚落总是根据季节变化在不同海拔高度间来回迁移，不同地区的聚落根据山区土壤、坡度和水文的差异和变化不断改良作物品种和土地利用方式等都是人类主动适应山区自然环境的例证。此外，基于自然规律的人类社会经济活动响应对自然环境演化也具有一定的积极作用，如人类通过退耕还林、退田还湖、加固危险边坡、生态移民等方式，防止环境退化，最终通过自然环境和人类系统的相互作用形成了良性的循环状态。

（二）互为制约下的恶性竞争

区域生态环境变化对山区人地系统的制约客观存在，山区的资源供给和环境容量不可能无限制支撑人类社会经济系统的发展，社会经济开发强度一旦超过山区资源承载和生态承载的阈值，必然带来山区人地系统的结构性变化，并对人类经济社会活动产生负面影响。由于山区自然环境相对较为恶劣，生态系统较为脆弱，因此自然环境对人类的限制和制约作用更为明显，这种制约作用主要体现在经济发展缓慢、资源承载能力有限等方面：山区地形高差较大、交通不便往往造成地区经济发展落后，贫困发生率较高；文化封闭、通婚范围狭窄、教育水平低下则直接影响了山区人口素质的提高；贫困、营养不足和医疗条件差是导致山区高死亡率和高发病率的直接原因。[15]另外，尽管山区自然环境系统具有一定的自净能力和恢复能力，但倘若生态脆弱地区受到的人类活动干扰过大，这种承载能力和生态恢复能力必然受到巨大挑战，人地系统将趋向恶性竞争、矛盾加剧的发展态势，甚至最终走向崩溃。

（三）互相协调下的动态平衡

山区人地系统中除了具有相互支撑和相互制约等作用外，人地系统的各个要素还可通过相互匹配、配合和协作在各个子系统中发挥进化作用。如山区农业的发展需要综合考虑土壤、气候、水文和地质条件之间的匹配关系，生态环境的优化需要自然系统的自组织循环与人类主动改变经济生产方式相互配合，不同区域的良性发展更需要在自然、资源、环境和经济社会综合协调下才能实现，因此对于山区而言，需取得"人"和"地"及各子系统的综合协调，才能取得整个山区人地系统的动态平衡。

四、演化及影响机理

山区人地系统在形成和演化过程中既具有一般人地系统演化过程中的基本特征，同时由于山区地形地貌与其他区域的典型差异，在动态演化过程中又同时存在不同于一般地区的独特时空特征，在演化过程中"人"与"地"长期不断发生相互作用，不同阶段表现出不同的关系状态。

（一）系统演化理论

1. 地域系统熵理论

研究普遍认为人地系统是一个远离平衡状态的复杂开放系统，在人地关系演化过程中，环境内部普遍存在的势能差使人地系统内部和内外之间存在物质和能量的耗散，在这一变化过程中，"人"与"地"的作用呈现非线性状态，在相互作用过程中，系统内部呈现有序或无序的空间状态。人文地理学领域较多采用地域系统熵表征人地系统的混乱程度，熵值越低表明人地系统的结构越简单和固定，人地系统则表现为整体有序结构；相反，如果人地系统的构成越复杂，系统内部相互之间关系越不确定，则人地系统整体越倾向于无序和不确定。地域系统熵由人类活动强度与地域承载容量的关系决定，假定地域承载容量（设为 C）不变，则这一地域人类活动（设为 M）越无序，该人地系统的系统熵值（设为 V）就越大，人地系统越无序且容易出现突变。假定地域内人类活动一定，则地域承载容量越小，人地系统的系统熵值就越小，系统越呈现有序状态。[151]因此公式表达为：

$$V = V_M - V_C \tag{3-1}$$
$$V_M = k\ln M, \quad V_C = k\ln C \tag{3-2}$$

其中，V 为人地关系系统熵，V_M 为人类活动熵，V_C 为地域承载熵，k 为人—地协调系数。

根据地域系统熵公式，当 V<0 时，表明人类活动产生的熵小于地域系统承载熵，人地系统表现为有序协调状态；当 V>0 时，表明人类活动产生的熵大于地域系统承载熵，人地系统表现为无序和恶化状态；当 V=0 时，表现为人地关系处于相对平衡状态。

为了表达人地系统在一个时间断面的演变情况，可利用"熵变"——某时段该地域人地系统熵值的变化值来表示两时刻人地系统的状态差异，公式表达为：

$$\Delta V = V_2 - V_1$$

当 ΔV<0 时，说明熵变趋小，表明该地域人地系统状态逐渐向有序协调的方向转化；当 ΔV>0 时，熵变变大，表明该地域人地系统状态逐渐恶化；当 ΔV=0 时，表明人地系统在该时段内未发生明显变化，状态维持不变。

2. 耦合发展理论

由于人地系统是由以"人"为核心的经济社会系统和统称为"地"的自然资源环境系统组成，所以又可分为经济系统、社会系统、生态系统、环境系统等多个子系统。在人地系统的发展演变过程中，各个子系统内部之间存在紧密的互动关系，不断进行物质循环、能量交换和信息传递。经济社会的高速发展需要外部环境物质能量的投入，并将产生的残余废物排入自然环境，在此过程中，经济社会对资源环境产生胁迫压力作用，资源环境对经济社会发展构成约束作用，因此人地系统是一个由生物和非生物有机组合形成的具有新陈代谢和自然调节机制的复合系统，系统内部通常存在耦合作用。[152] 耦合（Coupling）是指两个或两个以上的系统或运动方式之间通过各种相互作用而彼此影响以至联合起来的现象，是在各子系统间的良性互动下，相互依赖、相互协调、相互促进的动态关联关系。[153] 根据系统论中的系统演化思想，耦合是各个子系统组成复合系统的动态变化过程，[154,155] 演化方程表达为：

$$\frac{dx(t)}{dt} = f(x_1, x_2, \cdots, x_i) \tag{3-3}$$

其中，$i = 1, 2, \cdots, n$；f 为 x_i 的非线性函数。

将原点附近按泰勒级数展开，并略去高次项 $x(x_1, x_2, \cdots, x_i)$ 可以得到上述非线性系统的近似表达：[156]

$$\frac{dx(t)}{dt} = \sum_{i=1}^{n} a_i x_i, \quad i = 1, 2, \cdots, n \tag{3-4}$$

因此，将人地关系中的资源环境系统、经济社会系统的变化过程建立公式为：

$$f(RE) = \sum_{i=1}^{n} a_i x_i, \quad i = 1, 2, \cdots, n \tag{3-5}$$

$$f(SE) = \sum_{j=1}^{n} b_j y_j, \quad j = 1, 2, \cdots, n \tag{3-6}$$

式中，x、y 为两系统中的各个元素；a、b 为各元素占本系统的权重。

将各个系统按照一个复合系统考虑，$f(RE)$ 和 $f(SE)$ 作为这一系统中的主导部分，按照贝塔兰菲的一般系统理论，系统演化方程则可表示为：

$$A = \frac{df(RE)}{dt} = T_1 f(SE) + T_2 f(RE), \quad V_A = \frac{dA}{dt}$$

$$B = \frac{df(SE)}{dt} = U_1 f(SE) + U_2 f(RE), \quad V_B = \frac{dB}{dt}$$

如果整个复合系统简化为资源环境系统和经济社会系统，式中 A、B 分别为资源环境系统和经济社会系统的演化状态，V_A、V_B 则分别为两个系统在相互作用过程中的演化速度，而整个系统的演化速度则可以用 V 来表示（V 为 V_A 与 V_B 的函数关系表达）：

$$V = f(V_A, V_B)$$

因此，通过研究 V_A、V_B 的函数关系用以确定 $f(RE)$ 和 $f(SE)$ 的协调关系。对于各系统的复合协调模型有以下两种：

一种模型是基于整合系统的演化，满足组合 S 型发展机制。假定经济社会系统与资源环境系统的动态协调关系呈现周期性的变化，在一个周期内，V 的变化是 V_A 和 V_B 引起的，因此将 V_A 和 V_B 放在一个坐标系内，因为经济社会的变化比资源环境的变化幅度大，因此 V 呈椭圆式变化轨迹[157]（见图3-1）。V 与 V_B 的夹角 T 满足 $\tan T = \dfrac{V_A}{V_B}$，因此有：

$$T = \arctan \frac{V_A}{V_B}$$

一般将 T 称作耦合度，用以表征资源环境系统 $f(RE)$ 和经济社会系统 $f(SE)$ 的协调程度，相关研究将 T 值在坐标系不同象限、不同数量时表示的人地系统协调特征进行了归纳：

当 T<90° 时，人地系统处于协调共生阶段，其中 T<45° 时，经济社会发展水平较低，系统处于低水平协调阶段；当 45°<T<90° 时，代表资源环境的消耗速度快于经济社会的增长速度，双方逐渐开始出现压力状态，双方的约束和限制作用日益突出。

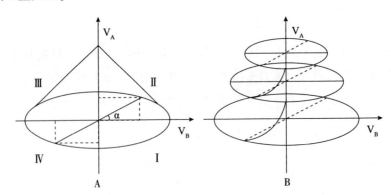

图3-1　经济社会系统和资源环境系统演变的耦合发展过程[155]

当 90°<T<-90° 时，人地系统呈矛盾退化阶段，其中 90°<T<180° 时社会经济出现负增长，资源环境消耗速度开始下降，系统整体呈矛盾激烈状态，资源环境与社会经济的制约作用日益明显；当 180°<T<-90° 时，资源环境和经济社会系统发展同时出现衰退并造成系统崩溃，在现实生活中解释为当经济社会发

展造成的生态环境恶化达到极限阈值时，整个人地系统将出现发展的衰退。

当-90°<T<0°时，资源环境和经济社会之间通过自组织进行关系重组，经济开始复苏，资源环境的承载能力增强，两者关系由相互制约转化为相互促进，人地系统开始进入协调共生的高级阶段。

另一种模型采用耦合协调度、发展度和系统协调发展度三项指标，用以评价人地系统演变过程中的耦合状态，同时用响应度函数反映系统演变过程中资源环境水平对经济社会系统发展的响应程度。[158-160]

若假定一个区域的人地系统只包括社会经济子系统和资源环境子系统，则该区域的子系统发展指数的表达式为：

$$f(x) = \sum_{i=1}^{n} a_i x_i, \ i = 1, \ 2, \ \cdots, \ n \tag{3-7}$$

$$f(y) = \sum_{j=1}^{n} b_i y_i, \ j = 1, \ 2, \ \cdots, \ n \tag{3-8}$$

式中，$f(x)$、$f(y)$ 分别代表经济社会发展指数和资源环境发展指数，a_i、b_i 分别代表两个子系统中第 i 项指标的权重，x_i、y_i 分别代表两个子系统中第 i 项指标的标准化值。

耦合协调度表达式为：

$$C = \left\{ \frac{f(x) \times f(y)}{\left[\frac{f(x) + f(y)}{2} \right]^2} \right\}^k, \ (k \geqslant 2) \tag{3-9}$$

式中，$C \in [0, \ 1]$，为人地系统的耦合度，C 值越大，表明经济社会系统与资源环境系统的耦合度越高，k 为调节系数，一般与子系统的个数一致。

协调发展度模型的表达式为：

$$T = \alpha f(x) + \beta f(y), \ D = \sqrt{C \times T} \tag{3-10}$$

式中，T 为发展度，D 为系统协调发展度，T 值和 D 值越大，表明人地系统的发展程度越好，且系统内部协调程度越高。不同的协调度对应不同的发展状态（见表3-2）。同时根据人地关系协调度与耦合度的分析，借助经济学中的弹性理论，建立响应函数模型，用以测度发展过程中区域资源环境水平对社会经济发展变化的响应程度，并通过分析响应的分阶段变化特征，为后续人地系统的协调优化提供依据。

表 3-2　人地耦合协调度类型与等级

协调类型	协调发展度取值	协调等级	耦合度取值	耦合等级
失调类	D=0.00	严重失调	0.00≤C≤0.30	耦合程度低
	0.00<D≤0.30	轻度失调		
协调类	0.30<D≤0.50	低度协调	0.30<C≤0.80	一般耦合状态
	0.50<D≤0.80	中度协调		
	0.80<D<1.00	良好协调	0.80<C≤1.00	高水平耦合
	D=1.00	高度协调		

(二) 要素演化

1. 环境变迁

人地关系演化与气候变化、自然环境变迁密不可分，相关研究和史料记载也证明了几万年的气候变化时刻影响着动植物的生长和人类的活动。和其他地区一样，山区的气候变迁呈现由寒冷转向温暖的总体趋势，并在漫长的历史进程中出现多次的温度升降演替。我国著名科学家竺可桢发表的《中国近五千年来气候变迁的初步研究》和后续相关研究指出，距今两万年前后冰川融化气候开始出现回暖，在距今 5000 年左右的温暖潮湿气候时期山区出现了人类活动的遗迹；5000 年以来，我国气候出现了数次转暖和转寒变化的波动（见图 3-2），殷商时代是全新世暖湿期的最后一个时段，自此以后总的气候趋势是变冷、变干。[161] 根据相关研究，从距今 3000 年时开始气候变干凉，高原和山区由后退转为前进，湖泽退缩后开始形成淤泥和干旱环境下的灰黄色黏土，人类的活动范围由山区开始转向平原。在气温逐渐转暖的过程中出现了几次气候寒冷期和温暖期，寒冷期主要是东周、三国魏晋南北朝、五代十国和清朝时期，温暖期主要出现在春秋、两汉、隋唐、宋元等时期。同时气候也影响了降水、灾害、动植物生长和山区人类活动的交替变化。[162,163] 进入近现代以后气温逐渐转暖，尤其是人类活动影响下的全球变暖和环境污染使自然环境的变化进入急变期。

2. 生产方式

原始社会阶段人类以野果、猎物果腹，生产方式主要以采集、渔猎为主，到新石器中后期，才逐步开始出现原始农耕种植、畜牧业，总体规模也较小，我国山区发现新石器时代遗址中有大量的渔猎、采集工具和动物骨骼，可见在

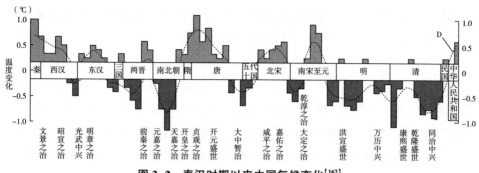

图 3-2 秦汉时期以来中国气候变化[162]

整个原始社会山伐渔猎仍然是最主要的生产方式，后期的遗址中才逐渐出现了粟、豆科、朴树籽、藜等植物遗骸和家猪、家牛、家羊、家鸡，也说明人类改造自然环境的水平已超越了此前的猿人，开始进入刀耕火种的文明时代。[164]跨过原始社会，人类开始了农耕文明，从我国秦代开始，铁器的使用大大提高了农业工作的效率，山地区域的农田垦辟也开始发展，人类不仅开辟山间平坝，同时还兴修水利，开始进入农耕文明时代。山民在原有采集、砍伐的资源利用方式基础上开始了茶叶、漆、橘、竹等经济作物的种植和山林特产的经营，同时由于封建社会大兴土木、开辟栈道，伐木经营也成为一种生产方式。宋代以后，山地种植农业、山林特产多种经营快速发展，山区也开始引进和推广玉米、水稻、番薯等高产耐旱、耐低温作物，同时矿冶和手工业也得到长足发展，而山林特产在农业产业中的比重也进一步增大。明清时期，人口迅速增加，政府推行垦殖政策，以减税方式鼓励人民废耕荒地，加上流民进入山区，山区开始了通过毁坏森林的方式开垦农田，开垦的范围也不断由浅山区向深山区推进。进入 19 世纪的近现代后，全世界范围的山区开发有增无减，林业经济和矿业经济迅速发展，森林覆盖率持续降低，名贵树种和药材不断减少，水资源的开发需求促使山区大量建设水电设施，对生态环境造成持续压力。直到 20 世纪末，以破坏生态为代价的生产方式的弊端才逐渐得到认识，全世界范围内也逐渐开始研究和实施针对山区生产方式转型发展的政策。

3. 聚落演化

山区聚落是人类生存与生活的重要空间方式，是人类与山区环境发生联系最直接、最密切的时空单元和系统。[165]作为山区人类活动的物质映射，山区聚落的变化能较为直接地反映人类活动的演化过程。考古学发现的"巫山人"

"元谋人""山顶洞人"等原始社会遗址均出土于山区或山区与平原衔接的地方，可见人类从一出现就与山地环境息息相关。

原始社会初期，由于生产力水平极度低下，聚落呈现简单朴素的特征，形态以洞穴、壕沟和城堡为主，对于依山而居的山区居民来说，穴居、巢居可最大程度利用地形的优势。新石器时代晚期，技术材料的进步也进一步促进了聚落建筑形态的变化，逐渐在巢居的基础上出现了"干栏"式建筑。原始社会时期聚落为避免山洪的冲击，往往选择较高的丘陵和台地，同时洞穴也能很好地抵御野兽的侵袭。

到了奴隶社会和封建社会，人类改造自然的能力大大提升，对聚落的需求由原来的遮蔽风雨、抵御野兽转化为以能更好地组织社会生产生活为主，聚落建筑形态也逐渐采用明晰的空间秩序以反映礼制尊卑，木材的广泛使用也大大改变了原有的聚落和建筑形态。随着人口规模的增长以及人类抵御自然灾害能力的提升，山区聚落在选址上也逐渐靠近河谷地区的缓坡地，同时对于地形变化较大的区域，人类也可以通过改造地形以适应新的人居生活组织方式。在这一时期，山区农村聚落往往还是较为分散并沿河谷聚居，而山区城市由于抵御战争的需要，往往选择在地势险要的河口地带，如重庆作为西南地区的军事政治中心，就选址在长江和嘉陵江交汇处的缓坡地带。再比如金陵邑（今南京）就以石头山为靠，位于长江岸边丘陵起伏的地区，呈不规则的布局形态，是山地城市聚居形态的典型。这一时期的聚落形态在很大程度上体现了依山而居、因地制宜的思想，城市的建设上将宫城和防御区置于高地，商业区靠近河流交通要道，城市在山地环境中不但克服了自然条件的限制，还将限制转化为城市建设的有利因素。[166]这一时期的聚落形态更多反映的是人对自然的适应和顺应。封建社会后期，人口规模不断增加，伴随着战乱、自然灾害，我国山地区域迎来了大规模来自平原地区的移民，中原文化聚落建设理念也在不断冲击和影响着山地区域的聚落建设特征，最为典型的就是明清时期进入山区的流移人口（棚民或寮民）的影响。他们采用野蛮的方式破坏森林，种植玉米等农作物，导致水土流失、岩石裸露后便不断迁移，因此，他们只搭建简陋的棚寮居住，不建造永久性的住屋，森林植被破坏完则继续迁移。[167]另外，山区聚落演化还体现在随着人口的过快增长和资源压力剧增，人类在山区内开始不断拓荒，以往人迹罕至甚至不适宜人居的深山密箐也逐渐出现了人类聚落，而聚落建设思想也逐渐由"顺应"转为"改造"。进入近现代后，人类社会开始了大规模的工业化和城镇化，以城市建设为代表的人居聚落建设方式逐渐成为主流，人类通过削山、开洞、架桥等方式大规模改造地形、兴建基础设施，聚落建设对资源的需求和对环境的影响达到前所未有的高度，城市空间的规模和形态也不断调整自然环境的承载能力，当然，由于建造工艺和建设难度所限，加上人类聚落建设理念逐渐回归自然的趋势，相比于平原地区，山地城市在与自然环境的融合程度上要相对较高一些。

（三）关系演化

从人类社会在山区发展的历史进程来看，山区人地关系大致经历了以下几个阶段：

"靠山吃山、依附共生"阶段：人类诞生的初期，真正的人地系统还未形成，远古时期山区的人地关系还基本保持原始自然界的生态平衡状态。由于人口数量极少，人类对自然环境的索取较为有限，加上人类改造自然环境的方式比较简单，生产方式主要以原始的采集、渔猎为主，聚落采用就地取材、因地制宜的方式，人和山之间经历了漫长而和谐的原始共生阶段。这一时期，山是人类赖以生存的环境，为人类提供赖以生存的食物和资源，人类是山区自然环境的依附者，对自然环境极度尊重和敬畏，"天命论""天人合一""人地相称"是该时期典型的人地观念，主要以图腾崇拜的形式表现出来，[168]因此人类很少有改造自然环境的动机和意愿，人地和谐是这一时期的典型特征。

"与山争地、起伏互动"阶段：进入原始社会后期，山区人地关系逐渐由人类社会依附山地、顺应自然的一元化的简单关系，走向紧密相连、相互影响的二元互动时期。在这一时期，生产方式的改变和人类需求的不断提升是影响人类对待山地环境态度的重要因素，人地关系发生重要变化的时期均发生在生产工具和生产方式的改变时期。谷物农业的出现极大地改变了人类的生产生活方式，从这时开始，山区通过改造地形在高山种植作物、沿河修建梯田，大力发展农业和畜牧养殖业，并发明了具有特色的高山水利灌渠系统，过去人烟罕至的深山和高原不断出现人类的活动轨迹。除了发展农业，封建社会后期由于社会发展和需求变化衍生出的山区矿产冶炼、伐木、采药等行业对资源的索取不断加大，自此，人类社会对山区生态环境的影响也大大增加，环境的变化也在很大程度上影响着人类社会的活动轨迹，人地关系跌宕起伏。在这个人类对山区不断加深影响的时期，人地关系曾出现过多次重要的紧张时期，如隋唐、两宋人口峰值时期粮食产量与人口总量的不匹配导致人类对山区开垦的加深，明清时期流民的迁徙造成对山区植被和生态环境的破坏，而这些人地紧张的局面又进一步促使人类提升对环境的改造能力，进一步加深了对环境的影响。在这一时期，"人定胜天"的思想深深影响着人类对山区的开发和利用，人类开始追求通过强有力的改造使自然环境适应人类生存，这一时期大量地方志均有"山谷日辟""山顶皆田""绝壑穷巅，亦播种其上"的记载，还有不少关于山地开发和利用方式的总结和记录，以元代学者王祯的"梯田说"最为经典、全面。"卜自横麓，上至危巅，一体之间，裁作重磴，即可种艺"，"叠石相次，包土成田"都描绘了梯田的利用方式和人类改造山地的能力。[169]随着这些山地资源利用和环境改造思想的拓展和深入，山区人地关系逐渐转向"与山争地、与水争田"的状态，"田尽而地，地尽而山，山乡细民，必求垦佃，犹胜不稼"的土地垦殖趋势不断加深。[170]尽管山地的开发趋于强化，但在山地的开发和利用历史进程中，人类也总结出不少与山地和谐相处的思想，如"荣华滋硕之时，则斧斤不入山林，不夭其生，不绝其长也"（《荀子·王制》），"山林虽广，草木虽美，禁发必有时"（《管子·八观》），等等。[171]

"山退人进、矛盾频生"阶段：进入近代社会以后，山区人地关系进入快速演化阶段，特别是进入工业化时代以来，人类对山区环境的改造能力得到质的飞跃，甚至在很大程度上已经打破了"地"与"人"的限制，广阔富饶的山区使山地成为人类社会向自然获取资源的最主要区域，工业化和城镇化的快速扩张和迅速发展大大改变了原有的自然生态系统，山区人口数量也不断增长，人地矛盾日益凸显，如西南地区（云南省、贵州省、重庆市、四川省）的人均耕地由1952年的0.13公顷下降到2008年的0.10公顷，2008年西南山区人均粮食产量仅282千克，远低于全国同期的397千克/人的平均水平[172]。2015年秦巴山区的人均耕地面积不足1亩，低于全国平均水平。[9]同时大规模的不合理开发造成了生态环境的快速退化，水土流失严重。据统计，我国贵州地区森林覆盖率由20世纪50年代的24%下降到1999年的12%。森林被破坏后，山地地表蓄水保水功能下降带来严重的水土流失，2005年左右，太行山山系的水土流失面积高达72%，河北省水土流失面积占山区总面积的63%。[173]另外，大规模的矿产资源开采、林业经济和旅游开发也对山区的自然生态环境造成大面积的破坏，环境污染程度与日俱增、山地自然灾害频发。这一时期，人类与山区自然环境之间的物质循环、能量交换和相互影响都大大超过之前的任何一个时期，人地关系进入全面的紧张冲突阶段。当然，在山区人地矛盾日益加剧的过程中，人类也开始意识到片面地追求高强度的资源利用和经济发展将威胁人类生存，"可持续发展""生态文明"等思想理论的提出使山区人地关系开始逐渐进入新的历史时期，特别是 2000 年左右开始实施的"退耕还林（草）""生态移民"工程已经在一定程度上对保护山区生态、改善人地关系发挥了积极的作用。

（四）演化规律与影响机制

纵观山区人地关系的演化规律可以发现，作为一个复杂的自然—人文综合体，山地区域的发展演化经历了远古时代早期的人地共生、古代的人地互动再到近代的人地矛盾的历史阶段，逐渐向人地和谐的目标前进。在演化的过程中，不同区域的特征也有所差异，总体而言是一个人地紧密联系的过程。正是由于人地关系中各个要素的相互作用、相互影响造就了山区人地关系的不断变化。在山区人地关系的演变过程中，人类活动要素作为核心因子发挥了巨大的推动作用，而这一演化过程中造成的环境变化又进一步反作用于人类活动，使演化进程不断推进（见图 3-3）。

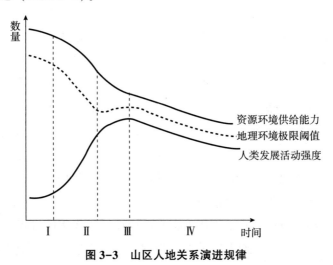

图 3-3　山区人地关系演进规律

在这些要素中，人口增长、生产方式变化、气候变化、自然灾害和思想观念等因子发挥着较为重要的作用。其中，人口增长是基本要素，对山区开发利用程度的不断加大正是由人口不断增长带来的需求增长、活动范围扩大和活动强度增长造成的，在这一过程中人类通过不断调整生产方式并逐渐采用更大的强度改造和利用自然环境以适应人口增长带来的需求变化，是生产方式变化的主要原因。每一次土地承载压力的剧增、生态环境危机的产生都来源于人口规模的迅速增长，如封建社会繁荣时期中原地区和山区自身人口的增长、粮食的短缺使得人类对山地开发和利用的程度和深度明显增加，"与山抢地、与水争田"的趋势不断加深，明清时期的流民更是对山地植被、生态环境造成了无以复加的影响。可以说，人口增长与密集化是生态环境破坏、人地关系紧张的主要动因，单一的、粗放的、过度的资源利用方式所造成的经济结构不合理则直接加剧了此种紧张状况。[99]但人口增长也在一定程度上成为推动山区人地变化的积极因素，人口的增长使区域发展活力增加，同时也引发了生产方式的变革，这从各个历史时期的人口、土地政策及其对山区的环境影响就可以看出。

生产方式对人地关系演化的影响主要体现在每一次人类采取新的手段和方式利用山地自然环境时，对环境的影响程度和速度就会进入突变期，如在漫长的原始社会，人类的生产生活方式极为简单、朴素，对环境的影响总体较小，谷物种植和农业耕作使山区在局部地区明显具有了与平原地区一样的人类活动特征，山区的环境迅速发生改变，这种生产方式的变化带来的环境变化程度最深的是进入工业化时代。工业发展所需的矿产资源、水资源、动植物资源等需求量相比以往任何一个时代都有巨大的增长，山区又是这些资源的主要提供区域，工业时代也带来了生活方式的巨大改变，如汽车、火车的普及使之前众多原生态山区出现了道路、铁路、旅游景区、矿场，引发了生态环境退化和动植物资源的持续减少；而伴随工业化和城镇化的快速推进，人类消耗大量山区资源和影响山区环境的趋势也难以在短时间内扭转。另外，生产方式的变化对人地关系的影响还体现在资源利用方式的导向上，资源利用方式合理则人地关系积极有活力，反之则造成负面影响。

社会变迁和思想观念的变化使人类与山地在相互作用的过程中形成了曲折反复的时空特征，间接影响人地关系的进程；社会变迁主要表现为政治制度的变革和在这一过程中频繁发生的战争。纵观中外，在人类发展的几千年历史长河中，发生过多次朝代轮换、制度变迁，几乎每一次朝代轮换都是通过战争实现资源和政治权利的重新分配，战争造成的人口减少和迁移、土地摭荒都直接导致人地关系在时间和空间的重大变化。[168]朝代更迭前后出现的人口低谷往往造成人地关系的后退，阻断人地关系的连续性，而战争和政治制度变化造成的移民更是山林毁坏、水土流失、石漠化等人地不和谐现象产生的直接原因。

除社会变迁外还有思想观念的变化。人类在与自然环境的相处过程中，不同时期对待自然的态度以及对环境与人地关系的认知也在发生演化。远古时期生产力低下，人类处于受自然主宰的状态，完全依附于自然、敬畏自然，并逐渐产生了原始宗教意识，图腾崇拜和巫术是这种意识的集中体现。[174]而且无论中外，这些崇尚自然的朴素"天命论""神创论"思想在人类社会早期直至整个古代社会都占据着统治地位，封闭的山区则更为明显，因此远古时期和农业文明早期人类的生产生活方式主要以简单的食物、猎物采集为主，这一思想对人地关系的影响主要体现在生活范围和居住聚落的营造理念上，东西方都有将聚落空间作为天文、星辰在人类社会映射的传统思想，中国古代更是总结出了以"天人合一"为主导思想的风水学，这些朴素的人地观都对当时的人类社会演进产生了重要影响。进入农业文明以后，生产方式的进步和古代科学的发展极大地解放了人类的思想，人类对自然的态度转变为在适应自然规律的前提下主动抗御和改造自然，强调"人定胜天"，"征服论"开始占据主导地位。2000多年前的荀子就有"制天命而用之"的观点，孟子提出的"天时不如地利，地利不如人和"就是这种思想的集中体现。同时，人类在与山地的环境改造和抗争中也总结出了与自然环境和谐相处的众多经典思想，农业文明时期的山区人地关系成为这些思想观念的一种映射。现代工业文明时期进一步强调"征服论"，并引发了山区人地关系由协调走向对立，"人是自然界最高立法者""知识就是力量"等思想口号的提出则充分体现出一种征服与被征服、统治与被统治的矛盾人地关系，因此，以牺牲自然环境为代价促进人类活动大发展就成了这一时期的主流价值观。而随着这种价值观对人类社会产生重大负面影响后，人地协调、可持续发展思想才又逐渐重新被认识，而对于人地关系的改善作用将在未来相当长的一段时间内才可能有效。

除了以上人文社会因素外，自然因素也在山区人地关系演变中发挥着重大作用，其中以气候环境变化和自然灾害最为突出。在人类社会发展进程中，气候变化主要发生在史前文明阶段和近代社会时期,而史前上古时期的气候变化时间跨度较长,对山区人类社会的影响总体较小;古代时期的气候变化也在很大程度上影响着山区人地关系的演化,如隋唐、宋元气候温暖时期,人口激增,生产力提高,人类对山区的开发程度明显增加,而多次寒冷期造成的农牧交错、耕地减少均引起了大规模的人口波动、迁徙、战争和社会变迁。另外,山区的洪水、泥石流等自然灾害更是急剧地影响着山地局部地区的人口数量和生态环境。

(五)小结

人地关系协调发展的目标与基准判断不仅需要考虑在目前空间上的资源合理均衡配置,同时也要考虑在一定时间序列范围内人地关系的可持续发展。随着时间的演化,人类社会经济活动的强度和自然资源环境的承载水平总是在相互作用的过程中不断发展变化。对于山区而言,早期原始文明阶段的发展相对平缓,由于人口较少、产业单一以及人类改造自然的能力有限且意识朴素,总体而言社会经济发展并未超出自然环境的承受能力,对自然环境的干扰和影响都较小,自然环境的供给能力远远超出人类发展的需求;伴随农业文明和以工业化和城市化为特征的工业文明发展阶段的快速推进,人地关系逐渐进入相互影响和物质能量快速转换阶段,大规模的人类开发活动对生态环境破坏不断加深,资源利用的强度也在持续增大,同时生态环境对人类发展的约束作用同样也更为明显,以资源短缺和生态恶化为表征的人地矛盾冲突持续紧张并不断升级和演化;在新的历史时期,环境和区域发展理念的变化带来的深刻影响使追求构建与自然生态协调的人地关系成为全世界范围的共识,推动人地关系向稳定均衡和协调可持续的方向发展已成为众多学科关注的热点问题,相关研究中人地关系可持续的基准和政策实施导向也由"一维目标"之下的经济可持续转向"多维目标"下的经济、社会和生态可持续,山地区域更是如此。当然,不同国家和地区由于所处的发展阶段不同,对生态文明理念下的人地关系认知和实施的发展政策有所差异,调和矛盾的手段、能力和效果也不尽相同,因此山区人地关系在今后相当长的时间内都可能持续表现为矛盾"凸显—改善—加剧—调和"的曲折式发展、螺旋式上升过程。

第二节　山区人地系统空间均衡理论

一、空间均衡基本理论

空间均衡理论是在经济学的均衡思想基础上逐渐形成并发展起来的。经济学中的均衡是指生产供求关系中需求和供给两种力量在一定条件的相互作用下处于一种相对均衡的状态；在供需关系变化中，价格的变动使产品供给和产品需求在一定时间范围内彼此处于均势和平衡状态，且双方无意也无力改变自身或彼此的状态。伴随着经济学理论发展过程中逐渐产生的空间属性，以区域空间分工、区位选择理论和新经济地理学为代表的空间经济学得到发展。区域空间分工理论具有代表性的主要包括亚当·斯密（Adam Smith）的"绝对优势"理论、大卫·李嘉图（David Ricardo）的"比较优势"理论以及国际贸易分工理论，核心思想即地区要素禀赋差异及生产产品过程中生产要素组合不同导致区域间产生相对优势，进而促使不同地区通过不同的分工选择和要素流动、交换从而使不同区域趋向均衡。区位选择理论的代表包括杜能（Tuner）的农业区位论、韦伯（Weber）的工业区位论和克里斯塔勒（Christaller）的中心地理论，这些理论以均衡价格理论为基础，引入空间供给和空间需求的相关分析，以理性经济人的区位选择行为作为要素在空间上分布和配置的核心依据，开创了区别于微观经济学的经济学空间视角。新经济地理学时期不同学者关于空间竞争、市场均衡以及规模报酬递增的分析为空间均衡模式的研究提供了新的区位模型分析基础，而最具代表性的学者为克鲁格曼（Krugman），他在缪尔达尔（K. G. Myrdal）和赫希曼（A. O. Hirschman）等有关区域间经济增长和相互传递理论研究的基础上，通过假定生产要素的收益递增及市场的非完全竞争结构，导出核心—边缘区位动态均衡模型。[175]根据核心—边缘理论，在区域经济增长过程中，核心与边缘存在不平等的发展关系，核心居于统治地位[176]，通过技术进步、高效生产创新等优势从边缘区获取剩余价值并将技术、产业和创新向边缘区扩散；边缘区的发展依赖于核心，并在发展过程中受到核心区对资金、人口和劳动力的吸引，而在空间上呈现生产要素流向核心区的空间状态，从而构成一种集聚与扩散同时存在的不平等发展格局。而在这一过程中，由于空间集散的向心和离心作用，核心与边缘区之间的边界、空间关系和结构不断发生变化，整个区域的发展又由极不平衡变为相互关联的平衡发展状态，并最终达到区域空间一体化的均衡状态。

可以看出，传统的区位经济论和新经济地理学有关空间均衡的研究都是以微观经济学中的空间供给和需求的均衡为前提，以经济利润最大化为目标来研究经济活动分布的状态及经济空间资源配置模式。区位经济论的核心思想是理性经济人在一定地域范围内做出区位选择时，该区域在满足经济利润最大化目标下达到生产流通环节的成本、市场及收入间的区域平衡；而新经济地理学的空间经济理论则强调在规模报酬递增和非完全竞争条件下研究空间，空间集散的向心和离心作用使核心区与边缘区始终处在一种动态的均衡状态之中。

纵观空间经济学的研究进程，经济资源要素的合理配置和流动趋势下的空间均衡是一定区域内经济活动的最优状态和终极目标。而由于空间经济学的经典理论模型都是在均质空间假设之下提出的，未考虑自然地理环境因素差异对模型的影响，因此无法解释现实中自由市场选择经济均衡目标下的区域经济不平衡状态。所以越来越多的研究者开始重视空间非均质和要素禀赋差异在经济空间均衡中的重要作用，认为要素禀赋的非均质分布是区域经济不平衡的根本原因。[177]也有学者认为区域间经济发展水平的差距形成的势能差是产生人文地理格局变动的核心驱动力，不存在区域经济发展水平的绝对均衡。[178]

另外，对均衡的判定标准如果局限在经济活动或经济发展水平单一目标，就会造成不同资源要素禀赋、不同发展条件的地区为了达到经济指标数量上的均衡采取相同、片面的发展模式，既无法实现经济发展的数量均衡，更达不到经济、社会、环境的综合状态均衡。空间经济学经典理论中的均衡模型如果除了考虑区位、成本、市场及区域分工等经济要素，同时加入不同地区要素禀赋差异尤其是生态环境要素差异分析时，追求的经济价值最大化目标就会受到来自生态保护要求的空间博弈，生产供求关系就需要加入生态供给和生态需求方面的考量因素，空间均衡的总目标即转化为追求经济价值和生态价值总目标的最大化。陈雯（2008）认为，空间均衡是指基于地区经济、社会、资源、环境的长期差异性，既是通过空间供给能力与开发—保护的需求相匹配，实现空间收入与生态保护的协调，也是通过空间之间分工协作，形成经济社会开发和自然生态保护的物品及活动的最优空间配置，实现空间供需的总体平衡。[175]

随着时代的发展，经济、生态、环境综合发展协调作为区域空间均衡发展的衡量标准已成为共识，通过合理的资源配置和区域分工实现生产、生活、生态空间的总体价值最大、效益最优成为人文地理学重点关注的问题，尤其是在生态环境不断恶化、资源环境承载能力不断受到挑战的今天，如何确保人地系统中人口、资源、环境各个要素在时间维度、空间维度的发展均衡成为重要的科学命题。

二、空间均衡科学维度

（一）地域空间内的开发需求—环境供给关系匹配

一定地域空间内人地关系状态良好的重要表征就是自然环境可供给的资源基础和环境容量与支撑这一地区社会经济活动正常开展所需相互匹配、适应。换句话说，一个地区社会经济活动强度适宜且未超出这一地区资源环境的承受能力，这样我们可以判定这个地区在一定地域范围内人地开发—供给关系匹配。这里所说的关系匹配是需要限定在一定空间地域范围内，反映的是一个时间截面上的空间资源配置状态，若资源配置合理则称空间均衡，地区社会经济发展的稳定性较高，反之则为空间失衡状态，表现为地区发展稳定性对外部变化的反应更为敏感，在外部条件变化的干扰下遭受的损失程度也更大。

如果将人地开发—供给关系进行分解，那么开发需求方主要以经济社会活动的开发总量或开发强度为代表，同时由于社会经济活动不断发展，经济活动的强度可能随着需求的增加或资源利用方式的集约而增大或缩小，因此开发需求方的数量也可能包括未来一段时间内的预测量，反映的是人类社会发展对自然环境的攫取诉求，是承压方；供给方主要包括土地资源、水资源、矿产资源、生物资源、气候条件等长期固定、不可移动的区域性要素以及资本、技术、劳动力、文化习惯和制度政策等短期可变、可移动的非区域性要素，更多的是代表自然环境对未来长期发展的限制或约束，是受压方。因此，可以将自然环境的供给能力是否匹配经济社会空间开发活动作为一个地区空间发展均衡或失衡的判定标准。

不少学者认为借鉴微观经济学中的供需理论进行分析，用经济理论中的

"供"与"需"替代人地关系中的"地"与"人",可以较为直观地理解人地系统的供需均衡匹配关系。[179,180]在微观经济学中,需求是指消费者在某一特定的时期内,在每一价格水平上愿意而且能够购买的某种商品或劳务的数量,若不考虑消费者购买意愿的主观因素,则需求函数表达为:$Q^d = f(P)$ (其中,P 为商品的价格;Q^d 为商品的需求量);供给则指生产者在某一特定的时期内,在每一个价格水平上愿意而且能够供应的商品数量,同样若不考虑生产者的供应意愿,则供给函数表达为:$Q^s = f(P)$ (其中,P 为商品的价格;Q^s 为商品的供给量)。[175]

按照供求定理,商品价格由商品的供给和需求共同决定,商品价格的调整会使商品的供给和需求达到平衡。即在其他条件不变的情况下,需求变动分别引起均衡价格和均衡数量的同方向变动,供给变动引起均衡价格的反方向变动,引起均衡数量的同方向变动,供求曲线在相交时供需达到均衡,均衡点上相同的供求量即为均衡数量。按照供求曲线(Q^d)和(Q^s)的变化趋势,人地关系中的自然环境供给方所能提供的开发容量会随着开发价格的上升而增加,但并不会无限制地增加,而是沿着一条陡峭的曲线无限逼近开发容量上限,同时也表明资源环境的承载能力达到极限,同样人类经济社会活动的需求一方的开发量则随着资源消耗、生态恶化、环境质量压力剧增带来的开发代价上升而反向减少(见图3-4)。当供求曲线相交的 E 点(供给需求量为 q,均衡价格为 p)为最为适宜和均衡的开发量时,人地关系处于均衡状态;超过或不到这一均衡点的区域状态时(见图3-4阴影部分),即可以解释为开发过量和开发不足,此时人地关系处于失衡状态。

同时由于受地区经济发展条件、资源环境承载能力和人类社会文化发展程度的差异影响,供需关系在不同地区、不同发展阶段会产生变化,如当开发建设对开发代价(价格)承受力增大,意味着此时的开发需求愿意为获取同样的资源供给付出更为严重的资源消耗、环境恶化代价,而当这些代价只会加大人地矛盾而不至于使人地系统彻底崩溃时,需求曲线则会向右移动至 Q^{d1}(见图3-5(a)),当开发需求不愿为此付出更大开发代价或者其承载风险的能力相对较低时,需求曲线则会向左移动至 Q^{d2},因此,供求关系均衡的价格和数量为曲线 Q^{d1} 和 Q^{d2} 之间的一个区间范围,超出这一区间范围即视为空间失衡。而地区供给水平也会因资源环境供给量的减少或开发水平的提高而产生变化,供给曲线 Q^s 随之发生变化导致供需均衡状态也成为两条曲线之间的区间值(见图3-5(b))。

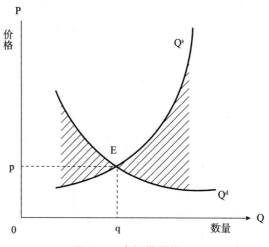

图 3-4　市场供需关系

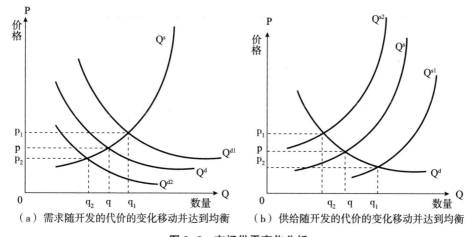

（a）需求随开发的代价的变化移动并达到均衡　　（b）供给随开发的代价的变化移动并达到均衡

图 3-5　市场供需变化分析

　　人地关系具有空间属性，空间均衡的概念意味着开发需求—环境供给匹配关系应在一定地域范围内进行分析和统计，均衡和失衡与否的判断标准为同一空间地域范围内的需求量和供给量以及两者之间的关系处于一定合理区间范围内。图 3-6 显示了以人类活动为主的需求方和以资源环境为主的供给方在空间地域中的多种关系状态。均衡状态（Ⅰ、Ⅱ、Ⅲ）开发需求和环境供给处在合理区间范围，两者耦合且矛盾不大，其中需求和供给都达到一定规模（超过 Ec、Er），但未超过供需开发均衡中线，这一状态都是在双方可承载和接受范围内；与之相反，当资源环境供给量较大，开发需求极少时（状态Ⅳ）处于资源未充分利用状态；当开发量超出环境承载能力，超过均衡中线时（状态Ⅴ）处于供不应求状态；当资源供给逐渐减少至供给界线（Er）以下时（状态Ⅵ），说明其已无法满足正常的开发建设需求，这几类状态均属于人地关系的空间失衡状态。

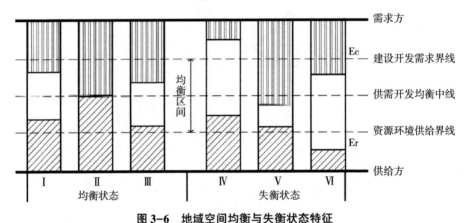

图3-6　地域空间均衡与失衡状态特征

（二）区际间的效益均衡和区域内综合效益最大化

人类历史发展周期证明，人地空间格局不断发生着变化，其空间格局变动的核心是地区通过发展要素的流动、资源的相互转换使其由资源禀赋、发展水平的空间差异走向区域综合发展的区域稳定状态，所谓稳定态多指代区域经济发展水平的均衡。但相关研究表明，区域经济发展往往存在非均衡—均衡—非均衡的反复过程，这意味着现实发展中不存在经济发展水平的绝对均衡，也就是说当区域发展达到稳定时，区域间仍然存在一定的经济差距，[178]但由于其他因素的反向差距，仍然使区域发展可以处于稳定的均衡状态，即多种效益综合平衡后的均衡状态。当前研究普遍认为，区域发展的空间均衡目标不只是经济水平的区域平衡，而是扭转区域福祉失衡的趋势、逐步实现区域间人均福祉水平的大体均衡。这里的福祉包含多重含义，既包括个人收入、生活质量水平，也包括地区的经济发展水平、社会福利水平，还包括国家幸福和人类发展等多个层级。[181]党的十八大以后，我国高度重视生态文明建设，强调把"人口资源环境相均衡、经济社会生态效益相统一"作为优化国土空间开发格局的核心目标，对地区均衡发展提出了更高的要求，即谋求经济效益、社会效益和生态效益在地域空间上的平衡统一和全区域综合效益的最大化。

在此背景下，中国地理学者对区域经济增长理论也进行了重新审视，建构了区域发展的空间均衡模型。樊杰（2016）认为，实现不同功能区综合发展效益的均衡是保障不同地域功能建设的前提条件，并最终通过各功能区因地制宜的发展建设实现各功能区所组成整体的效益最大化。[31]空间均衡的核心是区域内任何地域的综合发展状态的人均水平大体相等。对于山区而言，发展面临的核心问题是发展与保护的矛盾、经济效益和生态效益的取舍问题，在生态文明建设理念之下建构合理的人地关系就是要让人们意识到物质财富和生态财富在发展中具有同样重要的作用和地位，由此对于山地区域的空间均衡状态的评价可以从引导国土空间发展过程中通过合理的空间管制及要素流动，达到物质财富和生态财富同步增长，因此，综合空间模型可表达为以两类财富生产为核心的综合空间均衡模型：

$$D_i = \frac{\sum D_{im} + \sum D_{in}}{P_i} = \frac{\sum D_{jm} + \sum D_{jn}}{P_j} = D_j \qquad (3-11)$$

式中，D_i 和 D_j 分别代表地区 i 和地区 j 的综合空间效益，P_i 和 P_j 分别为两地区的人口总量，$\sum D_{im}$ 为每个地区的经济效益总和，$\sum D_{in}$ 为每个地区的生态效益总和。

该理论具有几个前提认知：首先，由于资源要素的巨大差异和财富的生产具有上限特征，地区间在经济财富或生态财富拥有量上不存在绝对的等量关系，经济水平之差可以用生态价值之差予以弥补，反之也成立；对于山地区域来说，高海拔、高地形起伏的中高山区虽然经济发展水平较低，但由于生产出数量更多、价值更高的生态产品，其综合发展水平仍然不算太低；而平原、丘陵地区经济发展条件较好，但由于生态资源禀赋落后于中高山区，过度发展造成的生态环境质量低下，其地区综合发展水平也不一定比中高山区更高。

其次，空间均衡的实现基础是必须满足各种资源要素可以在区域间合理流动，即通过区域间人口迁移和上级政府的财政转移支付实现人均综合效益的区域平衡（见图3-7）。对于山地区域而言，一方面，政府可以通过经济援助、生态补偿等手段向经济欠发达的中高山区进行经济效益的转移，以促进地区财富分配的均衡；另一方面，易地城镇化和生态移民可以成为人均效益高值区分担人均效益低值区承载压力、缓解其人地矛盾的有效手段，以促进整个地区的人地均衡布局。

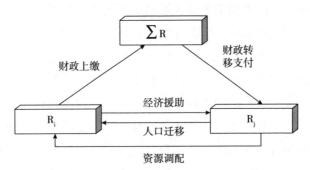

图 3-7　区域发展空间均衡的实现途径[182]

　　最后，不同的地区、不同发展阶段对效益的认知和追求存在差异。在区域经济发展初期，经济财富对地区发展贡献相对较大，但当区域经济发展到一定水平时，经济财富对地区贡献的效用价值会随着生态财富对地区发展贡献份额的提升而逐渐递减，因此，地区发展的目标中生态效益所占比重将逐渐增加，区域发展均衡的终极目标也将越来越突出经济效益和生态效益的均衡发展，对地区发展的引导也应注重其资源环境本底差异、发展阶段差异，对于山地区域尤其注重地形条件的差异，不同区域采用不同价值取向的发展模式，选择合理的发展路径，这对于区域的空间均衡发展至关重要。

三、山区空间均衡模型架构

　　受制于复杂的地形地貌、稀缺的地理空间和脆弱的生态环境，在人类活动干扰日益显著的状况之下，山地区域的人地关系协调和可持续维系难度更趋明显。长久以来，我国对山地区域发展缺乏明晰有效的空间管控方式，重城镇、轻生态的空间布局规划导向尚未得到根本转变，造成日益严峻的国土空间开发失序和区域发展失衡现象。

　　人文地理学始终关注地域空间，针对地区空间的无序、错位和不均衡发展问题，在科学理论认知基础上通过适度的规划干预使其空间开发秩序更趋理性和合理，促使地区朝着更加有效、公平和可持续的方向演进，体现了人文—经济地理学在解决社会实践问题时所独具的"空间管理"思维。[183]空间是自然、经济、人文要素等分布、集聚和流动的载体，而山区人地系统研究的核心建构在地域空间上的人地关系，既包含人地各类要素的空间格局、地域差异、演化发展，也包括人和地在空间上的对位匹配关系、相互作用关系和要素转化流动关系，因此，山区的协调均衡发展目标就是找寻代表人地两端的地区自然环境供给和经济社会开发需求在不断演化过程中的稳定未失衡状态，并通过空间规划或空间管控等干预手段促使各类资源要素在地域空间中高效配置、合理流动，保障其空间均衡状态长期可持续，最终实现人口资源环境相协调、经济社会生态效益相统一的发展目标。

所谓人地系统的空间均衡状态，应该既包括单个区域内部的供需关系均衡，也包括整个区域的总体效益均衡。空间管控或空间规划等调控优化的实现路径上也应紧扣这两个核心目标。具体而言，要实现区域内部的人地供需均衡就是要通过管控策略使区域的人类开发活动需求与自然资源环境供给的比例适宜，开发活动少、供给水平高的地区强化开发，供给能力过低的地区强调生态保护，开发过度的地区降低人类活动强度，优化生态环境，促使各个区域的资源配置或供需比例相等或差距减小，建构地区内部供需均衡的发展模型（见图3-8：STEP1）。

区域内部的空间均衡可以实现在一定区域的资源配置合理，但无法保证各个区域之间的效益均衡，对地区发展的空间差异，尤其是人均经济、生态和其他各类效益水平差异无法调适，因此，在供需均衡模型基础上可构建基于实现全域协调发展、缩小地区差异的综合效益均衡模型，通过空间要素流动（如经济援助、人口迁移、财政转移支付、跨区域资源调配等），促进各个地区间整体发展均衡（见图3-8：STEP2）。

在具体实现路径上，为使山区人地系统空间格局与自然环境相适宜，空间上保障全区域的综合效益均衡，可按照不同地区的自然地形地貌、生态条件、人口经济空间格局和空间效益评价进行空间区划，并采用针对性、差异化的空间优化调控手段，不同区域采取不同的空间发展模式和政策引导手段，生态效益保障地区要以提供生态产品为主，经济发展优势地区以提供工业品和服务产品为主，开发不足的地区在兼顾生态效益的同时适度提高建设强度，开发过载地区进行空间疏解和效益转移，最终形成山区人地系统协调发展、国土空间开发秩序井然的山区空间发展新局面（见图3-8：STEP3）。

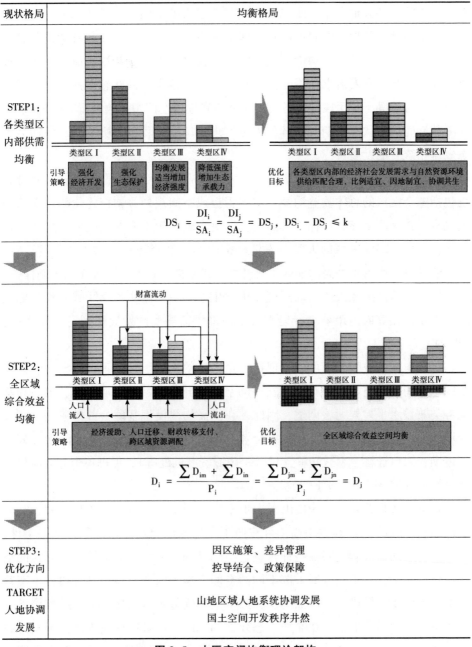

图3-8 山区空间均衡理论架构

第三节　山区人地系统空间管控理论

和其他区域一样，山区人地系统是一个动态开放的复杂巨系统，各个子系统在相互作用演化过程中，始终处于原始共生—冲突矛盾—协调发展这样循环往复的动态变化过程之中。人地系统优化管控的思想就是要从空间结构、时间过程、组织序变、整体效应、协同互补等方面寻求全球的、全国的或区域的人地系统整体优化、综合平衡和有效调控的机理。从系统论的角度而言，人地系统的优化管控就是要深入研究人地系统内部各个要素之间的关系状态和比例组合，使各个子系统及组成要素在时空过程中合理组合、协调匹配，最终达到一个动态、协调、有序的理想组合状态，即优化状态。[58,184]

一、山区资源要素优化配置原理

（一）山区空间资源要素配置存在效率差异

判断人地系统状态好坏的重要标准就是识别其资源要素配置的合理与否。资源要素配置中的供给—需求两端的匹配状态反映其空间均衡程度，最终代表人地系统的状态。山地区域由于巨大的地形差异导致各个地区资源禀赋程度和供给能力差异巨大，而人类社会活动强度与地形密不可分，因此需求强度也具有明显差异。山区空间资源要素配置存在巨大的效率差异，海拔和起伏度相对较高的地区生态产品及拥有资源都相对较高，但社会经济发展水平较低，资源要素配置效率较低，而海拔和起伏度相对较低的地区尽管生态环境差，资源也相对较少，但由于地形条件适宜发展，因此人类社会发展水平较高，资源要素配置效率也会相对较高。这种资源配置效率的差异源于地形阻隔带来的市场失效，反映在人地关系上表现为空间的不均衡状态。

（二）实施差异化、针对性的空间管控可有效提高"人"—"地"资源配置效率

山区特殊的地形地貌特征导致其很难通过市场机制自由有效提高人地供需两端的资源配置效率，因此需要借助空间治理、资源调控和政策保障解决其广泛的低效配置问题。多年来，我国均以行政区划作为空间管控的主要单元进行资源调配，政府发挥管控核心作用，但基本是基于同样的发展目标，采取相近的管控模式，使大多数区县不顾资源承载力，把追求经济效益作为主要发展目标，这也造成了众多资源配置失效的问题。因此，分析山区资源环境承载能力的空间分异和时空结构特征，建构与资源环境、地形地貌、演化阶段相适宜的人类社会经济发展模式，采用差异化、针对性的单元化空间管控手段可最大程度协调山区人地关系，解决"人"—"地"资源配置失效的问题。

（三）资源要素配置优化的目标是达到区域内外的空间均衡

我国的山区普遍借鉴平原地区的发展思路，不仅没有解决平原地区普遍存在的区域不均衡问题，同时也忽视了山区不同区域的差异特征与比较优势，易于造成资源配置方面的问题，因此在发展思路和导向上一直缺乏有效的科学指导。对于山区而言，地形空间分异造成资源禀赋和区域生产力的差异，而非均衡的发展方式则进一步加剧了地区发展的无序竞争，因此需要建构可持续发展的区域空间均衡目标。区域发展格局变化的根本驱动力是发展差距导致趋于区域均衡的力量，这是经济地理学经典理论已形成的共识。[185] 早期索罗—斯旺模型、大推进论等均衡发展理论认为，在完全竞争条件下，价格机制会促使资源达到最优配置，从而实现空间均衡，但却忽视了地区资源、资本、制度对落后地区的瓶颈效益和对发达地区的极化效应[186]，而且山地区域由于地形、资源的高度不均衡，这种效应更为明显。因此，需要在充分认识地区比较优势的基础上，找寻一种与地区资源环境禀赋相适应，同时促进地区协调发展的资源配置方法、制度或生产力布局模式，我国地理学界提出的地域功能区划和国家实施的主体功能区规划正是这种理念的具体方法落实。陈雯（2008）认为，空间均衡不是数量均衡，而是状态均衡，是一种与地区资源环境禀赋相协调、符合可

持续发展要求的区域生产力布局状态，[175]这种空间均衡需要建立在对地区经济、社会、资源和环境差异的客观科学认知基础上，通过社会经济开发和自然生态保护活动的最优空间配置，实现各区域人地供需两端的发展协调，强调不同片区的供需匹配平衡，资源承载与活动强度相适应；樊杰（2016）认为，区域空间均衡的终极目标是实现区域"经济效益、社会效益、生态效益"三大效益综合最优的发展目标，衡量和判断的标准是区域综合发展状态人均水平相等[31,180]，这种理念更强调区域的整体效益均衡，理论上承认经济、社会、生态三种效益不同的高低值组合可以达到同样的综合效益。

（四）资源要素的相互转化和区域流动是实现空间均衡的前提和途径

要达到区域人地空间的整体均衡不仅需要根据区域资源、生产力及生态保护要求确定适宜的功能和强度，同时还必须满足各种资源要素可以在区域内部各片区之间流动和相互转化。在完全市场竞争环境下，一方面，区域间经济差距使人才、资本随着开发成本的上升、环境保护的限制流向经济落后地区，人口对于居住地的选择会随着生态环境的比较优势差由原来的经济发达地区转向环境优质地区；另一方面，政策和管控手段可以实现资源要素在区域间的调配和移动，如国家实施的跨区域水、电资源调送战略，国家和省区政府通过财政转移支付实现区域间的经济援助和合理补充都是通过资源要素的流动和转化实现区域空间均衡的主要手段。

（五）山区资源配置市场失效需要采用针对性、差异化的管控模式予以调适和补充

特殊的地形、地质和自然环境造就了山区人地系统典型的垂直分异格局、脆弱性特征和人地矛盾问题，系统自主性调整和修复能力相对较差。尽管区域间存在资源要素的流动，但复杂的地形对经济、资金、人口的梯度转移和效益转移产生的阻隔作用十分明显。例如，处于同一地理区位的两个县或乡镇会由于地处山脊线两侧，受到周边发达城市经济辐射较大，而可能造成有的地区由于交通不便使富集的资源无法转化为经济效益，经济极度贫困，有的地区虽然资源条件一般，承载力有限，但社会经济的强度早已超出承载能力；另外高山、

沟壑的阻隔可能造成直线空间距离极近的两个地区在交通、经济上的联系十分薄弱，因此在优化调控和管理策略制定上必须考虑地形造成的环境、经济发展方面的区域差异，突出管控手段的差异性和针对性，做到因地制宜、有的放矢。另外，管控模式的确定必须建立在对山区生态脆弱性调适要求和生态保护大方向目标的基础之上，科学认识生态效益与经济效益之间的度量关系，提出生态、生产和生活不同组合特征的空间资源配置秩序。

二、山区人地系统协调发展目标

（一）山区协调发展目标

由于山区特殊的自然地形地貌和突出的脆弱性特征使山区人地系统的不确定性大大增加，优化调控的难度也相对较大，因此协调山区人地关系必须遵从地区发展演化的规律，在优化调控的过程中尽可能就区域特征因地制宜地制定协调发展的目标和调控体系。山区对于人类活动强度的承载能力和环境容量的阈值较低，提高山区人地系统的恢复力和适应性是降低其脆弱性和风险性的重要内容。因此，山区人地系统优化调控的目标首先应保证生产和开发的强度降至较低状态，对环境系统的扰动始终处于可控状态，通过协调山区各子系统的结构关系，优化其能量流动和物质循环途径，强化自我调节能力，实现人与环境的和谐共生。同时充分利用自然地理环境中所产生的资源环境条件，对人类活动强度较高的区域进行生态补偿，实现资源的永续利用；其次需要根据山区范围内不同海拔、不同区域的空间差异，确定差异化的发展目标，尤其是对生态环境极为敏感、脆弱的地区需制定更为精细化的长远发展目标。对于山区而言，根据不同区域人与自然环境的关系特征确定协调目标是实现这一地区人地关系整体优化、综合平衡及有效调控的重要命题。低海拔、低起伏、高扰动区域优化调控的目标重点应是在加强生态修复的前提下促进经济持续健康发展和资源永续利用，在这一区域中，人地系统要素的合理配置是协调目标下的重要途径；对于高海拔、高起伏、低扰动的区域而言，将区域内的人口密度、经济强度降至合理范围内，甚至通过多年调控实现关键脆弱敏感区域的"无人化"可有效实现自然生态环境的自我修复和良性循环，使整个山区人地系统达到优化平衡的目标。此外，山区人地系统优化协调的目标还应包括调控和预防自然灾害、科学提升资源环境承载力和保障社会公平公正与进步等方面。

(二) 山区优化调控方向

人地系统优化调控的原理是保证人地系统内部不同要素、子系统间的相互作用和制约过程中的动态平衡和协调共生。山区的人地系统协调主要是保证山区的人类活动强度与自然环境的承载能力处于相对平衡状态，即人类活动强度不超过自然环境的承载阈值，同时在一定时空范围内，人类活动强度的变化不会影响人地关系的平衡状态，这就需要协调好山区自然环境的合理开发利用与保护治理的关系，在调控过程中充分应用行政、市场、法律等手段保障人地系统的稳定性。根据控制论原理，在整个系统中必然存在某些关键因素处于决定性的支配地位，可以把这些因素视为"调控支点"，一旦涉及"调控支点"的政策或手段发生变化，可以对人地系统的平衡状态造成影响。对于山区而言，敏感地区人口密度、林业经济规模、交通等基础设施的深入程度和土地利用方式等因素会在较大程度上影响人地关系状态。通常情况下，山区优化调控原理是通过技术创新、规划引导和政策实施等手段使山地区域的开发建设活动在自然环境容量的承载阈值之内有质量、可持续地进行，主要包括山区产业经济优化、山区国土空间格局优化、山区城乡人居环境治理、山区自然灾害防治、山区生态危机和贫困问题改善等。另外，对山区人地系统的优化调控应遵循山区自然生态系统的自组织原理。和其他类型地区一样，山地区域也存在明显的自组织特征，其内部各个地区之间通过能量流动、物质循环等方式进行着自我调节，如果优化调控的方向与山区自组织方向一致，人地系统朝耦合协调方向发展，如果优化调控的手段违背自组织方向，则会加速人地关系的恶化。

根据这一原理，一个地区的经济发展情况越好，资源和环境的承载力越好，地区的人地关系越易于协调；地区人口增长过快，单位经济发展消耗的能源、资源越多，对环境的污染程度越高，则人地系统越不容易协调。可见，优化调控人地系统的方向就是在较低的环境扰动前提下尽可能提高合理配置经济活动和提高资源环境的承载能力。

三、山区人地系统空间管控路径

(一) 总体思路框架

参照相关研究，确定山区人地系统的空间管控思路框架。由于山区人地系统是由山地、水文等自然过程要素和人口、社会、经济活动等人类活动要素按照一定规律组合形成的综合体，因此人地系统的综合调控路径应遵循分析—评价—调控的路线进行。要素分析主要是就子系统进行分析，包括改善自然演化过程和人类活动过程中客体要素的数量和质量，如山区生态环境质量、水土资源禀赋、气候灾害分布、人口数量和密度、经济规模与速度、生产方式与生活习惯等，其中人地要素的历史演化和空间格局分析是核心。

人地系统空间均衡程度主要通过均衡评价来实现，主要包括人地关系匹配均衡和人地系统效益均衡评价，最终将评价结果反馈给系统综合调控手段。倘若关系稳定、矛盾可控，一般采取优化调控的手段；若人地关系出现危机且矛盾突出，一般采用重大行动的方式来进行人地关系的调整。

系统调控可分为直接的地域空间管控和间接的柔性政策调控，地域空间管控主要包括单元管控、策略引导、区域发展规划等；柔性政策实施调控又分为生态补偿、环境修复、协调机制等长远性、战略型的柔性政策，重大行动包括灾后重建、生态移民和制度更新等，实施柔性政策或是重大行动取决于人地关系状态评估的结果。系统调控需要多方行为主体参与，对调控的目的、过程和效用进行分析、实施和监督，在这一过程中，政府、政策和制度起着主导作用，优化调控可遵循一定的技术路线（见图 3-9）。

(二) 空间实现路径

基于前文的空间均衡目标，对现有无序的人地空间关系进行梳理和分析，明确各个地区的现状特征和问题，通过分析地形地貌、资源禀赋、生态环境价值、人口、村庄、经济的空间格局，并对地区进行归类，重点以地形地貌、人地格局和供需均衡、效益均衡状态作为依据整合划定空间管控单元，单元划分将地形地理条件近似、空间区位相邻、现状特征与问题一致的地区尽量归为同

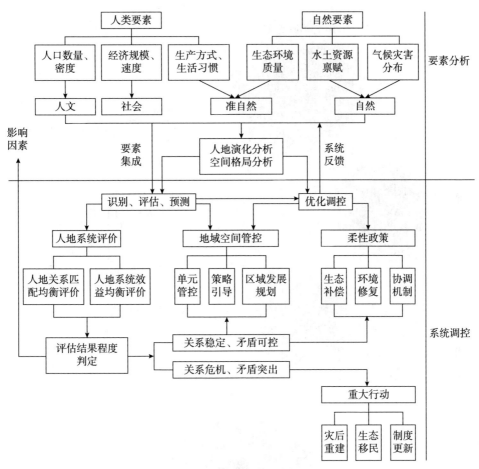

图 3-9 山区人地系统优化调控技术路线

一单元,通过地区空间均衡评价分析各地区的供需空间关系,计算各类型单元区的经济效益、生态效益和综合效益,比较其与全域平均效益的差距,据此确定不同的空间管控方式,并通过开发建设、生态保护、人口迁移和经济效益转移等策略和手段,促使人类活动等要素在地域空间上有序分布,最终实现人地空间供需匹配、全区域效益综合均衡、人口资源环境相协调的整体空间格局(见图 3-10)。

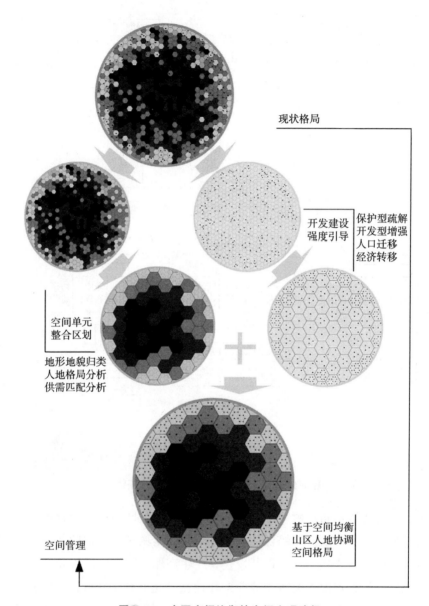

现状格局

保护型疏解
开发型增强
人口迁移
经济转移

开发建设
强度引导

空间单元
整合区划

地形地貌归类
人地格局分析
供需匹配分析

基于空间均衡
山区人地协调
空间格局

空间管理

图 3-10　山区空间均衡的空间实现路径

第四章
秦巴山区人地系统演化与格局分析

秦巴山区跨我国两大山脉，地貌类型多样，生态价值巨大，资源极为丰富，人地系统复杂多变，是我国重要的水源涵养地、生态功能区。尤其是区域内地形起伏变化较大，不同区域自然环境差异较大，人口分布、社会经济要素也呈现不同格局，因此成为我国山区人地系统的典型区域。该区域地形复杂、人口众多，但由于在长期的发展过程中对生态环境的约束性认识不足，导致局部地区人地矛盾突出，一直以来都是国家发展政策的重点关注地区，研究其人地关系演化和空间格局也有助于科学认知政策影响下山区人地系统的发展规律和影响机制。

本章在介绍秦巴山区人地系统概况的基础上对其人地系统历史演化阶段、现代演化规律进行分析，对人地系统的水平格局、垂直格局进行剖析，深入分析地形因素、政策因素对人地系统演化和格局的影响，为后续评价和管控研究奠定坚实基础。

第一节　秦巴山区人地系统概况

(一) 区域范围

秦巴山脉，是秦岭、巴山山脉的合称，是一座横亘我国大陆中部、呈东西走向的巨大山系。从地质学角度来看，秦岭、巴山是一个山脉体系，均为"秦岭造山带"的主体部分。从地理学角度来看，秦岭分为西、中、东三段，其中以陕西为核心的中段是通常意义上的秦岭地理范围。本书中主要指秦岭、巴山山脉的核心山脉腹地地区，东西绵延 1000 余千米，总面积约 30.86 万平方千米，总人口 6164 万（其中，常住人口 4021 万）。具体涉及河南、湖北、重庆、陕西、四川、甘肃五省一市的 22 个地级市（20 个地级市，1 个自治州，1 个地级市级别区）、23 个区、7 个县级市、89 个县、2579 个乡镇、31520 个行政村（见图 4-1、表 4-1）。

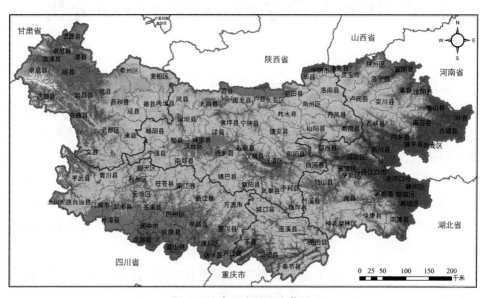

图 4-1　秦巴山区研究范围

表 4-1　秦巴山区行政区划

省/直辖市	地级市	区	县	县级市
陕西省	西安市	长安区	蓝田县、周至县、户县	—
	宝鸡市	—	太白县、眉县、凤县	—
	渭南市	—	潼关县、华县	华阴市
	商洛市	商州区	洛南县、丹凤县、柞水县、镇安县、山阳县、商南县	—
陕西省	汉中市	汉台区	镇巴县、留坝县、勉县、西乡县、南郑县、城固县、宁强县、洋县、佛坪县、略阳县	—
	安康市	汉滨区	旬阳县、石泉县、汉阴县、平利县、白河县、紫阳县、岚皋县、宁陕县、镇坪县	—

省/直辖市	地级市	区	县	县级市
河南省	洛阳市	—	洛宁县、宜阳县、嵩县、汝阳县、栾川县	—
	平顶山市	—	鲁山县、叶县	—
	南阳市	卧龙区	南召县、镇平县、方城县、内乡县、淅川县、西峡县	—
	三门峡市	陕州区	卢氏县	灵宝市
湖北省	十堰市	茅箭区、张湾区、十堰经济技术开发区、郧阳区	郧西县、竹山县、竹溪县、房县、	丹江口市
	襄阳市	襄州区、襄城区、樊城区	保康县、南漳县、谷城县	老河口市
	神农架林区	—	—	
四川省	达州市	通川区、达川区	宣汉县、开江县	万源市
	巴中市	巴州区、恩阳区	平昌县、南江县、通江县	
	广元市	利州区、昭化区、朝天区	旺苍县、青川县、剑阁县、苍溪县	—
	绵阳市	—	平武县、北川羌族自治县、梓潼县	江油市
	南充市	—	仪陇县、南部县、营山县	阆中市
甘肃省	陇南市	武都区	成县、徽县、两当县、宕昌县、文县、西和县、礼县、康县	—
	天水市	秦州区、麦积区	—	—
	定西市	—	岷县、漳县	—
	甘南州	—	迭部县、卓尼县、临潭县、舟曲县	—
重庆市	—	—	云阳县、开县、奉节县、巫山县、巫溪县、城口县	—

（二）自然特点

秦巴山区位于我国中部，西起青藏高原东缘，东至华北平原西南部，东西绵延 1000 千米，南北宽达 100 至 150 千米。秦岭为黄河水系与长江水系的重要分水岭，北侧是肥沃的关中平原，南侧是狭窄的汉水谷地，[187] 是褶皱（主要）断块山。秦巴山区跨秦岭、大巴山，地貌类型以山地丘陵为主，间有汉中、安康、商丹和徽成盆地。全域地形起伏变化较大，山地海拔多在 1000~3000 米；盆地地势低矮，海拔在 200~750 米。

（三）经济发展

2015 年秦巴地区国内生产总值（GDP）为 15706.6 亿元，占全国 685506 亿元的 2.29%。人均生产总值 25481 元，为全国平均水平 49992 元的 50.1%；第一、第二、第三产业增加值比重为 18.4：43.3：38.3，与全国的 8.9：40.9：50.2 相比，第一产业比重高 9.5 个百分点，第三产业低 11.9 个百分点。山区经济总量规模较小、经济总量占全国比例低于面积比例（3.2%）和人口比例（4.5%）。产业经济整体上仍处在由工业化初期向中期的过渡阶段，属于区域经济发展的落后地区。[188]

从总体来看，山区现状产业以四大传统型产业为主，即农林畜牧产业、食品加工产业、工矿开采及加工业和商贸流通业，同时兼有部分能源化工产业、机械加工产业、国防科技工业等。现有产业的科技含量和现代化程度较低，在精深加工、精细管理、精准流通等方面仍较为落后。在产业空间分布方面，表现出资源依附型、路径依附型、劳力依附型以及水系依附型等特征。在汉江流域河谷川地，零散地分布有机械、矿产、食品、建材、医药等工业企业，初步形成了沿江分布的加工产业走廊；在川东北、鄂西北、豫西南深山地区，重点分布原材料工业，在外围浅山区域，则主要分布机电一体化、生物医药、新材料、新能源、新型建材等产业，初步形成了劳动密集型产业聚集地。

（四）社会发展

秦巴山区城镇化水平低。地区常住人口 4021 万人，有 2000 余万人口常年流出在区外。区内城镇人口 1317 万人，常住人口城镇化率 32.75%，低于全国

56.1%的平均水平；户籍人口城镇化率21.37%，低于全国39.9%的平均水平。城镇化率整体上处于相对较低水平。[188]

秦巴山区居民收入水平总体较低。2015年城镇居民人均可支配收入23392元，为全国平均水平31790元的73.6%；农民人均纯收入8758元，为全国平均水平的81.7%。秦巴山区贫困面广，贫困程度深，是我国集中连片特困地区。2015年末，秦巴山区共有贫困人口712万人，占全国贫困人口的12.8%；贫困发生率11.6%，为全国平均水平的2.04倍；有国家级贫困县67个，占全国总数的11.3%。

第二节　人地系统演化阶段

一、远古时代至先秦时期

早在远古时期，秦巴山区就有原始先民在该区域活动，区内发现的距今204万年的重庆巫山猿人牙齿化石是迄今中国发现最早的猿人遗迹，郧县、龙岗、蓝田、洛南、大荔等17处人类遗址，在历史年代上有很好的延续性。这一时期气候温暖、森林植被茂盛、环境优美，从位于汉江上游的李家村、柏树岭等多处遗址发现的粟本、豆科、鸟兽以及工具等遗骸可以说明早在石器时代甚至更早之前，秦巴山区就出现了人类活动的痕迹，这一时期采集和渔猎是主要的生产方式，同时部分遗址区域还发现稻谷、家禽和木炭等，说明此时也有了一定规模的农业耕作和家畜饲养，但规模较为有限，主要位于川泽平原地区。[164,189]覆盖面积广阔的史前遗存表明，秦巴山区不仅是史前人类活动聚居的重要区域，也是我国乃至东亚人类文明的核心发源地之一。原始社会末期，秦巴山区范围内的人类活动足迹进一步扩大，自然环境的变化也比此前增大。公元前1000年至公元前850年的寒冷期对自然环境造成重大影响，王国维的《古本竹书纪年辑校》载："周孝王七年，冬，大雨雹，牛马死，江、汉俱冻[164]。"尽管在漫长的历史时期，人口数量随气候环境变化有过波动，但由于生产条件限制、粮食产量较低，人口数量和密度总体不高，人类活动与山区自然环境的关系还主要以依附、汲取的单向关系为主，其对环境的影响还比较有限，总体状态为和谐共生。

二、春秋战国至明清时期

春秋战国以后，秦巴山区也随农耕文明进入了大面积农田耕作的时代，耕作范围也不断深入，不少山川、沟谷、丘陵地区被开发后种植玉米、马铃薯等作物，部分陡峻的山地也被改造为梯田，农业、畜牧业发展迅速。伴随铁器生产需求的增大，矿产冶炼规模也不断增大，同时当地原住民也依托山地、森林资源培育出了药材、食用菌、生漆、桐油、蚕丝、茶叶等经济作物。据《汉书》记载："天水陇西山多林木；巴蜀广汉本南夷，秦并以为郡，山林竹木果实之饶；武都地杂氐羌，皆西南外夷，武帝初开治；楚有江汉川泽山林之饶，或火耕水耨，以渔猎山伐为业[189]"，秦巴山区也进入刀耕火种的快速发展时期。人地关系开始逐渐进入相互影响、跌宕起伏时期，特别是在隋唐、宋元和明清时期，随气候的变化、战争的广泛以及不同时期政策的更迭，大量流民从中原地区进入秦巴山区腹地，毁林开垦、修筑栈道，造成水土流失加剧、自然灾害频发，人类活动对环境的破坏程度日益严重。特别是进入明清时期以后，从河南、陕西、四川、江西等地涌入的大量流民、棚民进入山区认地开荒，人口增长迅速。据记载，汉江河谷盆地地区十县的人口由康熙中期的41.6万人增加到道光初期的211.7万人，同时期山区各县人口由原来的8.1万人增加到146.1万人，人口增长率分别为408.9%和1703.7%[190]；道光三年，汉中、兴安二府及商州的人口总数达到370万人以上，比清朝初期增长了6~7倍。[164]这些流民带来先进的土地改造和经济作物种植技术，"楚民善开水田、蜀民善开山地"，"民有田地数十亩之家，必栽种烟草数亩，田则种姜黄或药材数亩"，形成了一定规模的农业产业，[191]但同时流民对土地的利用方式和对待生态环境的态度也极其粗放，"山民伐林开荒，阴翳肥沃，一、二年内杂粮必倍，至四、五年后，土既挖松，山又陡峻，夏秋骤雨冲洗，水痕条条，只存石骨，又须寻地耕种[189]"，山区土地类型开始沿着"森林—耕地—疏草—裸石—基岩"的路径不断演替。伴随的是严重的水土流失，有研究表明，清嘉庆以来，汉中地区山区土层平均下降1~2米，商洛地区寸草不生的石山面积占总面积的5%~7%。[4]长期以来的恶性循环造成生态平衡被破坏，加上高海拔地区复杂恶劣的气候使生态更加脆弱。这一时期的人地关系基本属于退化性蜕变。

三、民国时期至今

民国以来，随着气温总体趋暖，雨涝灾害的发生频率和发生次数逐渐加剧，对生态环境也造成较大影响，陕南地区发生雨涝的次数比关中地区多 1.3 倍。随自然环境变化的是人类活动强度的持续增加。1949 年以后，秦巴山区人口增加 1 倍多，仅柞水一县人口增加 1.15 倍。[4] 尽管政府开始明文规定禁止毁林开荒，但乱垦滥伐的现象一直没有杜绝。[192] 1960 年以后，柞水一县以陡坡地为生的人口增加了 4.4 倍，开荒规模扩大了 2.1 倍，截至 90 年代初，陕西安康、汉中、商洛三地区森林覆盖率由 70% 以上下降到 40% 左右。[4] 多年来尽管各地政府已开始重视生态环境，并有意识地进行造林，但毁林面积和速度明显大于同期的造林。据调查，1959 ~ 1979 年汉中地区毁林面积达到 550 万亩，远远超过造林面积。尤其是大炼钢铁、三线建设和十年浩劫时期，破坏森林的程度不断加剧，安康地区森林覆盖率由 36.5% 下降到 27%，商洛地区森林植被面积减少近一半。[164] 但从另一方面来看，随着工业化和城镇化的快速发展，秦巴山区也成为国家快速获取资源的重要地区，尤其是区内富集的矿产资源成为各地重要的经济来源。三线建设期间，秦巴山区是我国工业产业布局重地，大量重型设备生产和矿产冶炼企业进入这一地区。大规模的矿产资源采掘和林业经济开始不断削弱生态环境的承载能力，工业造成的大面积污染和不断增大的建设强度使秦巴山区的人地矛盾不断加大，但地区仍然没有摆脱经济落后和贫困的现状。截至 1998 年，秦巴山区国家级贫困县为 68 个，贫困人口 400 多万，其中陕南地区就有 190 多万，贫困发生率 20% 以上，部分特贫地区的贫困发生率高达74.7%，高出全国平均水平 10 倍。[193] 这一时期人地关系的关键词仍然是退化、矛盾、破坏。进入 2000 年以后，生态环境保护成为我国可持续发展的重要主题，国家开始实施退耕还林、生态移民计划，同时对地区制定了明确的脱贫攻坚战略目标，将改善区域人地关系作为地区发展的重要目标。

第三节　21世纪以来人地系统演化分析

　　山区人地系统的状态既受子系统自身发展的影响，同时也受其所在区域整体发展状态和区域发展政策的制约。由于山区特殊的自然地形地貌和突出的脆弱性特征，使山区人地系统的不确定性大大增加，人地系统的演化也容易发生波动和反复。目前学界对山区人地系统状态的判定、评价和预测尚无统一认识，对系统演化过程中的驱动因素缺乏定量分析，对不同地形类型区的时空动态演化对比研究尚属空白。因此，本节尝试以"综合"和"特定"视角构建山区人地系统中人类活动需求子系统与资源环境供给子系统的耦合协调评价体系，深入刻画 2000～2015 年人地系统时空动态演化过程，并对演化驱动因素进行剖析。

一、指标体系与研究方法

（一）指标体系

　　有关社会经济与自然环境协调发展研究的指标体系多侧重在经济发展、资源承载、环境质量等方面，[24,158,160,194,195]部分研究采用经济、社会、环境三系统进行耦合分析。[196-198]为了更加全面地反映人地系统状态，增加人口密度、城镇化率作为反映人口扩张的核心指标，为强化国家重要生态功能的区位与属性，将资源环境供给子系统细分为资源供给、环境质量、生态供给三个方面，特别是为了突出山区的针对性，在可获取性原则的基础上特增加林业产值占比、森林覆盖率、植被覆盖度等反映生态要素的指标，形成对位"人""地"两端的 6大类型、26 项指标评价体系（见表 4-2）。为降低土地面积、人口规模差异对指标间和不同年际间可比性的干扰，相关指标都采用人均值和地均值。

表4-2 秦巴山区人地系统耦合协调度评价体系

系统层	准则层	指标层	单位	指标方向
人类活动需求子系统	人口扩张	人口密度	人/平方千米	+
		城镇化率	%	+
	经济发展	地均GDP	万元/平方千米	+
		地方财政支出	亿元	+
		固定资产投资	亿元	+
		非农产业比重	%	+
		林业产值占GDP	%	+
	资源消耗	人均建设用地	平方米/人	+
		人均居住面积	平方米/人	+
		人均城市道路面积	平方米/人	+
		人均工业用水量	立方米/人	+
		人均生活用水量	立方米/人	+
		万元GDP能耗	吨标准煤/万元	−
资源环境供给子系统	资源供给	人均耕地面积	平方米/人	+
		人均水资源可利用量	立方米/人	+
		人均供水总量	立方米/人	+
	环境质量	地均二氧化硫排放量	吨/平方千米	−
		地均废水排放量	吨/平方千米	−
		地均固体废物产生量	吨/平方千米	−
		工业废物综合利用率	%	+
		工业废水达标排放量	万吨	+
		工业烟尘处理率	%	+
	生态供给	森林覆盖率	%	+
		植被覆盖率	%	+
		人均绿地面积	平方米/人	+
		建成区绿化覆盖率	%	+

(二) 数据来源

数据包括研究区2000年、2005年、2010年、2015年社会经济统计截面数据和遥感影像数据。其中,森林覆盖率来源于中科院资源环境科学数据中心

Landsat TM/ETM 遥感影像解译数据，植被覆盖率来源于哥白尼全球土地服务网站（https://land.copernicus.eu/global/products/fcover），两项数据均在 ArcGIS 平台通过剪裁、分区统计法获取；高程来源于美国地质调查局（https://lta.cr.usgs.gov/SRTM）发布的 SRTM 数据，并通过格式转换、图幅拼接和滤波去噪而得；其他统计数据来源于各省统计年鉴、水资源公报、中国城市统计年鉴、中国城市建设统计年鉴以及各市的统计公报。

（三）数据标准化处理

对评价指标进行规范化（或标准化）处理，消除差异后再进行对比评价和决策，可以准确评价人类活动与自然环境间的定量关系。另外，标准化后的数据能代表区域发展的相对关系，可在一定程度上反映出地区的差异和均衡状态，具体采用 min-max 标准化方法。

$$正向指标：X_{ij} = \frac{x_{ij} - \min(x_j)}{\max(x_j) - \min(x_j)} \tag{4-1}$$

$$负向指标：X_{ij} = \frac{\max(x_j) - x_{ij}}{\max(x_j) - \min(x_j)} \tag{4-2}$$

式（4-1）、式（4-2）中，x_{ij} 表示研究范围内第 i 个地区第 j 项评价指标的数值（i=1，2，…，n；j=1，2，…，m），$\min(x_j)$ 为所有地区中第 j 项评价指标的最小值，$\max(x_j)$ 为所有地区中第 j 项评价指标的最大值。

（四）确定指标体系权重

为保证指标权重的专业性和客观性，本次研究采用 AHP（层次分析法）主观赋权法和熵值法客观赋权法相结合的方法确定综合权重，这可以在一定程度上避免主观赋值的缺陷。其中 AHP 法中的两两重要性比较采用专家打分方式，并采用 yaahp 软件对专家打分进行权重计算；熵值法采用多年数据权重的平均值。

1. AHP 主观赋权法

层次分析法是一种将决策者对复杂问题的决策思维过程模型化、数量化的分析方法，具体是将与决策总是有关的元素分解成目标、准则、方案等层次，在此基础上进行定性和定量分析。该方法在确定指标两两重要性比较时主要依靠主观判断，故称之为主观赋权法。

首先，构造判断矩阵 A_{ij}，A_{ij} 内元素为所有指标两两重要性比较的结果（见表 4-3），若第 i 个指标与第 j 个指标重要性相同，则分值为 1，若 i 比 j 略微重要，则分值为 2（反之则为 1/2），若 i 比 j 明显重要，则分值为 3（反之则为 1/3），若 i 比 j 强烈重要，则分值为 4（反之则为 1/4），若 i 比 j 极端重要，则分值为 5（反之则为 1/5），最终得到判断矩阵 A_{ij}（见图 4-2）。

表 4-3　层次分析法分值确定

得分	含义
1	表示两个元素相比，具有同样重要性
2	表示两个元素相比，一个比另一个略微重要
3	表示两个元素相比，一个比另一个明显重要
4	表示两个元素相比，一个比另一个强烈重要
5	表示两个元素相比，一个比另一个极端重要

A_{ij}	A_1	A_2	⋯	A_n
A_1	a_{11}	a_{12}	⋯	a_{1n}
A_2	a_{21}	a_{22}	⋯	A_{2n}
⋮	⋮	⋮	⋮	⋮
A_n	a_{n1}	a_{n2}	⋯	A_{nn}

图 4-2　层次分析法判断矩阵 A_{ij}

其次，对判断矩阵 A_{ij} 进行归一化处理，得到新的判断矩阵 B_{ij}：

$$B_{ij} = \frac{A_{ij}}{\sum A_{ij}} \tag{4-3}$$

其中，$\sum A_{ij}$ 的值为矩阵 A_{ij} 各列的和，矩阵 B_{ij} 每列的和为 1。

最后，对矩阵 B_{ij} 的每一行进行求和，得到矩阵的特征向量 B_k，并对特征向量进行归一化处理，得到各指标的权重 W_k（见图 4-3）：

$$W_k = \frac{B_k}{\sum B_k} \tag{4-4}$$

B_{ij}	B_1	B_2	$\cdots$	B_n	B_k	W_k
B_1	a_{11}	a_{12}	$\cdots$	a_{1n}	B_{1k}	W_{1k}
B_2	a_{21}	a_{22}	$\cdots$	a_{2n}	B_{2k}	W_{2k}
$\vdots$	$\vdots$	$\vdots$	$\vdots$	$\vdots$	$\vdots$	$\vdots$
B_n	a_{n1}	a_{n2}	$\cdots$	B_{nn}	B_{nk}	W_{nk}

图4-3 层次分析法判断矩阵 B_{ij} 和特征向量、权重

2. 熵值法客观赋权法

熵值法是指用来判断某个指标的离散程度的数学方法。通过熵值法得到各个指标的信息熵，信息熵越小，信息的无序度越低，其信息的效用值越大，指标的权重也越大[200]，其最大的特点是直接利用基础数据给出的信息计算权重，而没有引入决策者的主观判断。

首先，计算第 j 个指标下第 i 个地区占该指标的比重：

$$P_{ij} = \frac{X_{ij}}{\sum\limits_{i=1}^{n} X_{ij}}, \quad i = 1, 2, \cdots, n; \ j = 1, 2, \cdots, m \tag{4-5}$$

其次，计算第 j 个指标的熵值 E_j，熵值越大，说明指标间的差异越大，指标越重要。可得出：

$$E_j = -k \sum\limits_{i=1}^{k} P_{ij} \ln(P_{ij}), \quad 满足 \ k = 1/\ln(n)，满足 \ E_j \geq 0 \tag{4-6}$$

再次，计算信息熵冗余度，可得：

$$D_j = 1 - E_j \tag{4-7}$$

最后，计算各项指标的熵权值得出：

$$W_j = \frac{D_j}{\sum\limits_{j=1}^{m} D_j} \tag{4-8}$$

经过 AHP 主观赋权法和熵值法客观赋权法综合确定权重，其中 AHP 法中的两两重要性比较采用专家打分方式，熵值法采用多年数据权重的平均值（见表4-4）。

表 4-4　指标体系权重

指标	AHP 主观权重	熵值法客观权重					综合权重
		2000 年	2005 年	2010 年	2015 年	平均值	
人口密度	0.3334	0.0499	0.0490	0.0407	0.0406	0.0451	0.1892
城镇化率	0.0666	0.0472	0.0149	0.0173	0.0095	0.0222	0.0444
地均 GDP	0.1820	0.1044	0.1090	0.0912	0.0833	0.0970	0.1395
地方财政支出	0.0924	0.1580	0.1642	0.1337	0.1140	0.1425	0.1174
固定资产投资	0.0404	0.1284	0.1836	0.1174	0.1050	0.1336	0.0870
非农产业比重	0.0280	0.0033	0.0021	0.0007	0.0004	0.0016	0.0148
林业产值占 GDP	0.0572	0.0573	0.0520	0.0645	0.0591	0.0582	0.0577
人均建设用地	0.1512	0.1281	0.1860	0.1903	0.2435	0.1870	0.1691
人均居住面积	0.0580	0.0969	0.0821	0.1146	0.1498	0.1109	0.0844
人均城市道路面积	0.0722	0.0627	0.0382	0.0290	0.0231	0.0383	0.0552
人均工业用水量	0.0396	0.1215	0.0547	0.1011	0.1120	0.0973	0.0685
人均生活用水量	0.0594	0.0209	0.0256	0.0925	0.0532	0.0481	0.0537
万元 GDP 能耗	0.0196	0.0213	0.0385	0.0070	0.0066	0.0184	0.0190
地均二氧化硫排放量	0.0420	0.1252	0.1610	0.1398	0.1276	0.1384	0.0902
地均废水排放量	0.0480	0.1283	0.0964	0.0917	0.1053	0.1054	0.0767
地均固体废物产生量	0.1100	0.0862	0.0311	0.1647	0.1832	0.1163	0.1132
人均耕地面积	0.0234	0.0154	0.0194	0.0199	0.0115	0.0166	0.0200
人均水资源可利用量	0.1228	0.1593	0.1742	0.1542	0.2194	0.1768	0.1498
人均供水总量	0.0536	0.1808	0.0903	0.1496	0.1555	0.1441	0.0988
工业废物综合利用率	0.1418	0.0133	0.0283	0.0128	0.0137	0.0170	0.0794
工业废水达标排放量	0.0358	0.2004	0.2145	0.2047	0.1290	0.1872	0.1115
工业烟尘处理率	0.0226	0.0102	0.0094	0.0012	0.0001	0.0052	0.0139
森林覆盖率	0.0466	0.0281	0.0309	0.0256	0.0251	0.0274	0.0370
植被覆盖率	0.1124	0.0036	0.0019	0.0012	0.0014	0.0020	0.0572
人均绿地面积	0.0268	0.0276	0.1232	0.0229	0.0168	0.0476	0.0372
建成区绿化覆盖率	0.0144	0.0216	0.0194	0.0116	0.0114	0.0160	0.0152

（五）耦合协调度模型

人地系统中的各个子系统在发展过程中相互作用、相互制约，借鉴系统论和相关研究成果，[101,201]采用耦合协调度模型用以分析各子系统的动态演化过程及相互耦合状态。

分别对秦巴山区人地系统中的人类活动需求子系统与资源环境供给子系统建立评价函数：

$$f(x) = \sum_{i=1}^{n} a_i x_i, \quad i = 1, 2, \cdots, n \tag{4-9}$$

$$f(y) = \sum_{j=1}^{n} b_i y_i, \quad j = 1, 2, \cdots, n \tag{4-10}$$

式中，$f(x)$、$f(y)$ 分别代表人类活动需求子系统指数和资源环境供给子系统指数，a_i、b_i 分别代表两个子系统中第 i 项指标的权重，x_i、y_i 分别代表两个子系统中第 i 项指标的标准化值。

耦合度（Capacitive Coupling）指两个或者两个以上的系统相互关联、相互促进、相互影响的结果，简而言之就是系统内部之间整合逐渐形成一个整体的难易程度，[24]不仅可以衡量人地系统中各子系统的发展水平，还可以判别人地关系两端"人"和"地"之间的交互耦合程度。

国内耦合度模型应用广泛，相关文献研究中存在多个类似但略有差异的公式，主要分为两系统和三系统两种类型（见表4-5），经过数学公式的对比分析，发现公式相近，但存在略微差异，由于本书采用的是两系统，因此对三系统的公式不做过多探讨，只作为分析参考。目前两系统模型公式主要有三种（见公式1、公式2、公式3），其他模型都是在此基础上的变形，因此结合MATLAB 软件中的数据模拟功能对几个公式进行分析。

表4-5　文献模型应用对比

序号	模型公式	参考文献	
		作者	文献
公式1 [24,158,159,201]	$C = \left\{ \dfrac{f(x) \times f(y)}{\{[f(x) + f(y)]/2\}^2} \right\}^2$	蔡绍洪等	《贵州财经大学学报》，2017
		童佩珊等	《林业经济》，2018
		贺祥等	《湖北农业科学》，2015
		连素兰等	《林业经济》，2016
公式2 [195,202]	$C = 2\left\{ \dfrac{f(x) \times f(y)}{[f(x) + f(y)]^2} \right\}^{1/2}$	刘耀彬等	《地理学报》，2005
		张引等	《地理学报》，2016

序号	模型公式	参考文献	
		作者	文献
公式 3[194]	$C = \sqrt{\dfrac{DST \times REBC}{(DST + REBC)^2}}$	段佩利等	《经济地理》，2018
公式 4[203]	$C = \{f(U) \times f(E) / ([f(U) + f(E)]/2)^2\}^{1/2}$	王少剑等	《生态学报》，2015
公式 5[160] 同公式 2	$L = \dfrac{2\sqrt{RDI \cdot REI}}{RDI + REI}$	程钰等	《经济地理》，2017
公式 6[204] 同公式 1	$C = \left\{ \dfrac{4f(X) \cdot g(Y)}{[f(X) + g(Y)]^2} \right\}^k$	陈媛	《环境与发展》，2017
公式 7[101,197]	$C = \left\{ \dfrac{X \times Y \times Z}{[(X + Y + Z)/3]^3} \right\}^{1/3}$	盖美等	《经济地理》，2018
		姜磊等	《自然资源学报》，2017
公式 8[205]	$C = \left\{ \dfrac{f(x) \times g(y) \times h(z)}{[f(x) + g(y) + h(z)]^3} \right\}^{1/3}$	熊建新等	《地理科学》，2014
公式 9[196,198]	$C = \left\{ \dfrac{f(x) \times g(y) \times e(i)}{\dfrac{[f(x) + g(y) + e(i)]^3}{3}} \right\}^k$	李茜等	《资源科学》，2015
		党晶晶等	《资源科学》，2013

首先，对公式 3 进行推导，发现：

$$C = \sqrt{\dfrac{f(x) \times f(y)}{[f(x) + f(y)]^2}}$$

可转换为：

$$C = \dfrac{\sqrt{f(x) \times f(y)}}{f(x) + f(y)}$$

由于 $f(x) + f(y) \geqslant 2\sqrt{f(x) \times f(y)}$，因此，C 值的取值范围在 [0，1/2]。由于最大值不超过 1/2，因此会出现低估耦合度的问题，所以相关研究结果不成立。

其次，将公式 1 和公式 2 在 MATLAB 中进行 f(x)、f(y) 两变量不同取值的结果模拟，发现结果均在 [0，1]（见图 4-4（a）、图 4-4（b）），符合耦合度相关理论，但两者存在一定差异。

公式 1 结果分布相对均质，即当 f(x)、f(y) 为 [0，1]，C 值随着 f(x)、f(y) 的增减呈均匀程度的增减（见图 4-4（a）），如当 f(x) = 0.1 定值时，C 值随着 f(y) 值的增大均速减小，同时 C 值处于 [0，1] 的区间范围内，符合耦合度随两系统的差距增大而均匀减小的数理学意义；而公式 2 结果分异明显，若当f(x)、f(y) 其中任意值大于 0.1 时, C 值都大于 0.5, C 值只有当 f(x)、f(y) 远小于 0.05、逐渐接近 0 时才开始缓慢减小到 [0, 0.4], 且减小幅度很慢, 也就意味着只有当两系统的综合指数极小时, 耦合度才处于比较低的状态。当 f(x) = 0.1 定值时, C 值随着 y 值的增大而缓慢减小, 直到 f(y) = 0.9, C 值才能达到 0.7 的高耦合水平 (见图 4-4 (b)), 严重不符合耦合度的数理学意义, 存在高估耦合度的可能。

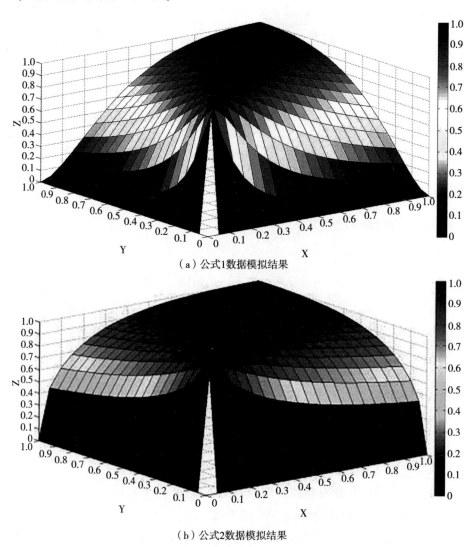

（a）公式1数据模拟结果

（b）公式2数据模拟结果

图 4-4　MATLAB 中两模型公式模拟结果对比

综上所述，选择公式 1 作为本书耦合度分析的模型，即：

$$C = \left\{ \frac{f(x) \times f(y)}{\{[f(x) + f(y)]/2\}^2} \right\}^2 \tag{4-11}$$

其中，C 代表系统耦合度，f(x)、f(y) 分别代表两子系统发展指数，由指标加权而得。当 C∈(0，0.3] 时，人地关系处于较低水平耦合阶段，此时，人类活动对资源环境影响程度不大，自然环境完全能够承载、消化人类发展带来的影响或与之相协调。当 C∈(0.3，0.5] 时，人地关系开始处于拮抗耦合阶段，该阶段人类活动发展需要大量资源、资金和人口转移作为支撑，资源环境承载能力下降且不能完全消化或吸纳经济发展带来的负面影响；当 C∈(0.5，0.8] 时，人地关系进入磨合和良性耦合阶段，人类社会开始注重生态环境修复，发展方式更集约、高效，对环境影响更小；当 C∈(0.8，1] 时，人地关系进入高水平耦合阶段，李小云（2016）[69] 提出的中国人地关系的四个阶段也基本与之对应。当然人地耦合发展并不一定都是正向进步，受政策和其他突变因素影响，可能存在波动或反向退化的演化特征[202]（见表 4-6）。

表 4-6　耦合程度判断

评判条件	耦合程度	耦合类型
(0，0.3]	低水平耦合	Ⅰ
(0.3，0.5]	拮抗耦合	Ⅱ
(0.5，0.8]	磨合阶段	Ⅲ
(0.8，1]	高水平耦合	Ⅳ

耦合度作为反映秦巴山区人类活动需求系统与资源环境供给系统耦合程度的重要指标，对判别人地关系作用强度和时序具有重要意义，但某些情况下却很难反映出人地系统的整体"功效"与"协同"效应，因为每个地区的人地关系都有交错、动态和不平衡的特性。因此，在此基础上的耦合协调度模型可用以评判不同区域人地系统交互耦合的协调程度。[202] 构建秦巴山区人类活动需求系统与资源环境供给系统耦合协调度模型（见式 4-12、式 4-13），其目的是评判不同区域人类活动需求系统与资源环境供给系统交互耦合的协调程度。

$$T = \alpha f(x) + \beta f(y) \tag{4-12}$$

$$D = \sqrt{C \times T} \tag{4-13}$$

式中，D为耦合协调度，C为耦合度，T为两系统的综合协调指数。α、β为权重系数，反映各子系统在综合协调指数中的重要程度，α>0，β>0且α+β=1。参考相关研究[194,206]对计算获取的耦合协调度水平按照等距分段原则划分成五种类型，当D∈(0，0.19]时为失调状态，当D∈(0.2，0.39]时为濒临失调，当D∈(0.4，0.59]时为低度协调，当D∈(0.6，0.79]时为中度协调，当D∈(0.8，1]时为高度协调（见表4-7）。

表4-7　人类活动需求—资源环境供给系统耦合协调发展程度评判标准

协调类型	协调发展程度	耦合协调度
协调发展类	极度失调衰退	0~0.09
	严重失调衰退	0.1~0.19
	中度失调衰退	0.2~0.29
过渡阶段类	轻度失调衰退	0.3~0.39
	濒临失调衰退	0.4~0.49
	勉强协调发展	0.5~0.59
	初级协调发展	0.6~0.69
失调衰退类	中级协调发展	0.7~0.79
	良好协调发展	0.8~0.89
	优质协调发展	0.9~1

二、演化特征与空间差异

(一) 人类活动需求系统时空演化特征

秦巴山区人类活动需求指数总体较低，2000~2010年逐年下降、2010~2015年小幅回升（见图4-5），首先，是由于大多数城市人口和经济总量增长缓慢，部分指标的人均增长值不明显，由地区发展不均衡导致标准化指数减小，进而加剧了人类发展指数的下降幅度。其次，各地市指数在空间上呈现外围高、内部低的不均衡格局，秦岭北麓的陕西县市、伏牛山地区的河南县市以及四川绵阳、南充，湖北襄阳以及重庆等区域指数相对较高（见图4-6）。不同于研究区总体下降趋势，渭南、安康的指数在2000~2015年整体上升。西安、重庆、襄阳、汉中、巴中、十堰、广元、南充等地市指数在2010~2015年有小幅回升，说明地区发展快速增长的正面效应已经开始超过区域不均衡造成的负面效应，西安、重庆被确定为国家区域中心城市后增长速度明显加快，其他地市则利用生态、旅游资源快速发展，逐渐体现出后发优势。此外，河南的各地市尽管指数相对较高，但由于土地、水、矿产资源瓶颈的制约，发展指数呈整体下降趋势。

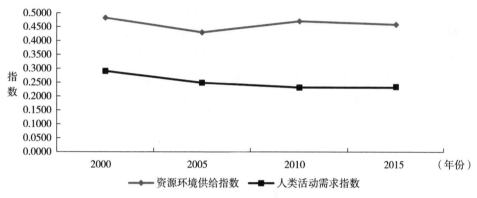

图4-5　秦巴山区人地系统总体发展状态演化

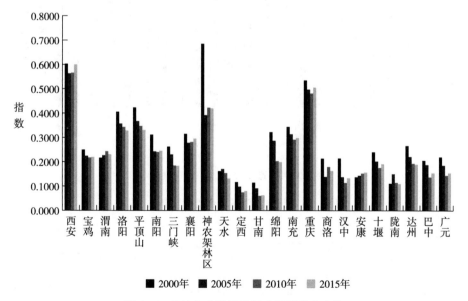

图4-6　各地市人类活动需求指数动态变化

(二) 资源环境供给系统时空演化特征

资源环境供给指数呈现总体平稳、略有波动状态的趋势。四个年份的指数平均值分别为人类活动需求指数的1.66倍、1.73倍、2.03倍、1.96倍（见图4-5）。从空间分布来看，各地市较为平均，演化符合"先降、后升、再降"的总体趋势（见图4-7）。其中神农架林区、甘南因其较高的森林植被、水资源以及较低的人口密度和环境污染，处于资源环境供给水平的高值区域，西安、渭南、洛阳、平顶山、重庆由于人口密度大、资源消耗大且资源储量相对较低，平均指数均低于0.4。可以看出，资源环境指数的相对平稳变化与1999年以后的退耕还林和环境保护政策密不可分，作为国家重要的生态涵养区，经过较为严格的控制，秦巴山区生态环境退化基本处于可控范围，相关生态指标均有所提高，但因为环境污染控制效果的不稳定以及人均资源仍呈减少趋势，因此指数仍存在一定波动。

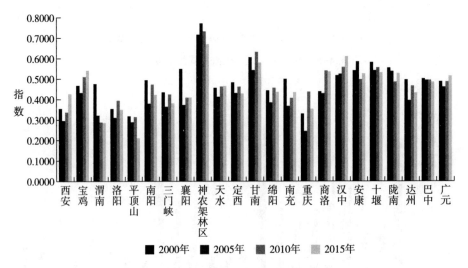

图4-7　各地市资源环境供给指数动态变化

(三) 耦合度时空演化

秦巴山区人地关系耦合度总体处于磨合阶段并呈逐渐下降趋势，其中2000~2005年缓慢下降，2005~2010年下降较快，2010~2015年稳定中略有提高（见

图4-8）。说明该阶段人地关系总体处于良好协作阶段。从数据上来看，耦合度在2000~2010年下降是由于人地两端指标呈不同速度下降所致，2010~2015年缓慢升高则是因为两指标开始变化平稳且差距逐渐缩小。

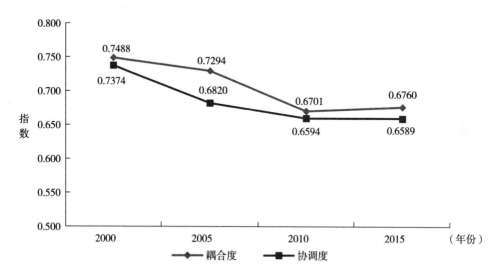

图4-8　秦巴山区耦合度与协调度演化对比

从各地市分析结果可以看出，大多处于磨合阶段和高水平耦合阶段，其中高水平耦合、磨合阶段、拮抗耦合、低水平耦合地市数量比为47.8%：34.8%：17.4%：4.3%。另外，各地市耦合度呈现"东高西低、外围高、内部低"的空间格局，这主要是由于外围区域人地供需水平的差距较小，普遍处于高水平耦合或磨合阶段；而内部区域尽管资源环境供给水平与外围地区差别不大，但较低的社会经济发展水平拉低了整体耦合程度，多年平均值均未超过0.5，处于拮抗耦合阶段，尤其以定西、甘南和陇南最为突出，指数分列所有地市的"倒数前五"与"正数前五"（见表4-8）。

表4-8　各地市耦合度统计

	2000年	2005年	2010年	2015年	多年平均值	耦合程度	耦合类型
西安	0.8704	0.8163	0.8757	0.9432	0.8764	高水平耦合	Ⅳ
宝鸡	0.8244	0.8093	0.7023	0.6732	0.7523	磨合阶段	Ⅲ

续表

	2000 年	2005 年	2010 年	2015 年	多年平均值	耦合程度	耦合类型
渭南	0.7394	0.9404	0.9859	0.9774	0.9108	高水平耦合	IV
洛阳	0.9907	0.9901	0.9907	0.9982	0.9924	高水平耦合	IV
平顶山	0.9595	0.9718	0.9949	0.9037	0.9575	高水平耦合	IV
南阳	0.9011	0.9059	0.7990	0.8650	0.8677	高水平耦合	IV
三门峡	0.8821	0.9011	0.7152	0.7690	0.8168	高水平耦合	IV
襄阳	0.8599	0.9583	0.9346	0.9491	0.9255	高水平耦合	IV
神农架林区	0.9991	0.8001	0.8622	0.8992	0.8901	高水平耦合	IV
天水	0.5996	0.6878	0.5620	0.4739	0.5808	磨合阶段	III
定西	0.3963	0.3696	0.2329	0.2838	0.3206	拮抗耦合	II
甘南	0.2894	0.2458	0.1042	0.1258	0.1913	低水平耦合	I
绵阳	0.9520	0.9586	0.7281	0.7437	0.8456	高水平耦合	IV
南充	0.9346	0.9882	0.9467	0.9327	0.9505	高水平耦合	IV
重庆	0.8904	0.7815	0.9951	0.9377	0.9011	高水平耦合	IV
商洛	0.7787	0.5490	0.5632	0.5132	0.6010	磨合阶段	III
汉中	0.6885	0.4374	0.3213	0.3506	0.4494	拮抗耦合	II
安康	0.4206	0.4048	0.5188	0.5025	0.4617	拮抗耦合	II
十堰	0.6866	0.6285	0.5352	0.6114	0.6154	磨合阶段	III
陇南	0.3126	0.4692	0.3863	0.3274	0.3739	拮抗耦合	II
达州	0.8270	0.8488	0.6891	0.7226	0.7719	磨合阶段	III
巴中	0.6827	0.6401	0.4664	0.5380	0.5818	磨合阶段	III
广元	0.7359	0.6730	0.5016	0.5071	0.6044	磨合阶段	III
秦巴山区	0.7488	0.7294	0.6701	0.6760	0.7061	磨合阶段	III

从耦合度演化空间分异来看,外围相对稳定,内部变化较多。其中西安、神农架林区、重庆、十堰、巴中符合先降后升的"U"形曲线;宝鸡、甘南、定西、汉中、三门峡、达州、绵阳则为持续下降,宝鸡、三门峡、达州、绵阳由高水平耦合阶段降为磨合阶段,汉中则由磨合阶段降为拮抗耦合阶段,定西由拮抗耦合阶段降为低水平耦合阶段;仅渭南、安康为耦合度持续上升的地市,分别由磨合阶段和拮抗耦合阶段上升为高水平耦合阶段与磨合阶段(见图4-9)。

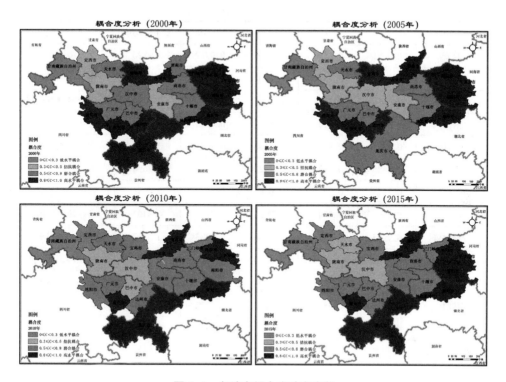

图4-9　各地市耦合度动态变化

（四）协调度时空演化

秦巴山区协调度与耦合度演化特征较为相似，呈逐年下降趋势。四个年份的协调度指数分别为0.7374、0.6820、0.6594、0.6589，总体上从中级协调逐渐降为初级协调，其中2000~2005年下降趋势较之耦合度更为明显，2010~2015年协调度随着耦合度下降趋缓而逐渐平稳（见图4-8）。各地市耦合协调度指数呈现"外围高、内部低"的空间格局和"两头少、中间多"的正太分布比例（见表4-9），其中超过0.9的优质协调发展地市为西安和神农架林区，占所有地市总数的8.6%；低于0.4的轻度失调衰退地市只有甘南，占地市总数的4.3%；良好协调发展地市4个，分别为洛阳、襄阳、南充、重庆，占总数的17.4%；中级协调发展地市6个，占总数的26%；初级协调发展地市6个，占总数的26%；勉强协调发展地市3个，占总数的13%。

表4-9　各地市协调度统计

	2000年	2005年	2010年	2015年	多年平均值	协调程度
西安	0.9251	0.8510	0.9009	0.9712	0.9120	优质协调发展
宝鸡	0.7572	0.7174	0.7001	0.7002	0.7187	中级协调发展
渭南	0.7018	0.7119	0.7211	0.7067	0.7104	中级协调发展
洛阳	0.8708	0.8163	0.8524	0.8222	0.8404	良好协调发展
平顶山	0.8497	0.8040	0.8133	0.7073	0.7936	中级协调发展
南阳	0.8426	0.7426	0.7423	0.7502	0.7694	中级协调发展
三门峡	0.7744	0.7240	0.6467	0.6474	0.6981	初级协调发展
襄阳	0.8507	0.7842	0.7961	0.8116	0.8107	良好协调发展
神农架林区	0.9995	0.8945	0.9286	0.9483	0.9427	优质协调发展
天水	0.5942	0.6204	0.5739	0.5165	0.5762	勉强协调发展
定西	0.4725	0.4284	0.3406	0.3667	0.4021	濒临失调衰退
甘南	0.4410	0.3809	0.2574	0.2727	0.3380	轻度失调衰退
绵阳	0.8476	0.7968	0.6797	0.6745	0.7496	中级协调发展
南充	0.8803	0.8183	0.8067	0.8189	0.8311	良好协调发展
重庆	0.8885	0.7750	0.9586	0.9063	0.8821	良好协调发展
商洛	0.7006	0.5445	0.6209	0.5833	0.6123	初级协调发展
汉中	0.6955	0.5227	0.4493	0.4944	0.5405	勉强协调发展
安康	0.5185	0.5268	0.5657	0.5700	0.5452	勉强协调发展
十堰	0.7357	0.6684	0.6096	0.6491	0.6657	初级协调发展
陇南	0.4410	0.5524	0.4670	0.4417	0.4755	濒临失调衰退
达州	0.7826	0.7136	0.6603	0.6578	0.7036	中级协调发展
巴中	0.6808	0.6469	0.5278	0.5718	0.6068	初级协调发展
广元	0.7085	0.6456	0.5478	0.5671	0.6173	初级协调发展
秦巴山区	0.7374	0.6820	0.6594	0.6589	0.6844	初级协调发展

从协调度演化特征来看，西安、神农架林区、重庆、商洛、汉中、巴中、十堰等地市呈现"先降后升"的演化趋势，但总体提升幅度不大。西安市由优质协调（2000年）降为良好协调（2005年）后又提升至优质协调状态（2010年、2015年），重庆市由良好协调（2000年）降为中级协调（2005年）又快速

提升为优质协调状态（2010年、2015年），说明这两个城市在近20年的发展过程中不仅注重经济速度与质量的领先性，也强调社会经济与资源环境的协调发展。神农架林区由于人口密度和经济强度较小，整体处于人地系统的稳定协调状态。此外，其他地市由于地区不均衡发展的影响，人地关系协调度均为下降状态，其中定西、甘南、绵阳、广元、达州、汉中、平顶山下降幅度较大，襄阳、南充、商洛、巴中等地市在演化后期有一定程度的回升，宝鸡、渭南、洛阳、安康、陇南处于波动状态或小幅上升状态（见图4-10）。

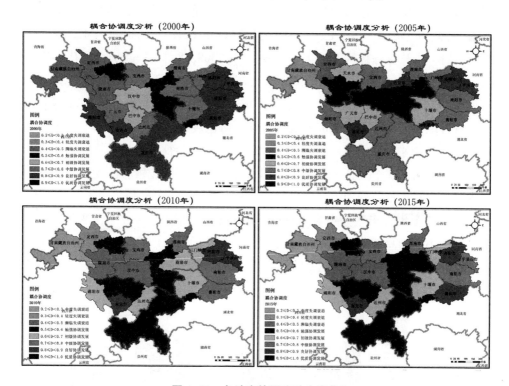

图4-10　各地市协调度动态变化

为进一步分析演化空间差异，按地形差异将研究区划分为中高山区与低山平原区，中高山区为海拔较高、起伏度较大的山地区域，低山平原区为海拔较低、起伏度一般的丘陵和山间平原地带，据此分析地形差异影响下的人地关系演化空间分异规律。

利用SRTM数据在ArcGIS平台计算各地市平均高程，地形起伏度基于封志明等[83]（2007）提出的计算公式：

$$Re = \{[H_{max} - H_{min}] \times [1 - P(A) / A]\} / 500 \qquad (4-14)$$

其中，Re 代表地形起伏度，H_{max} 和 H_{min} 分别代表研究单元内的高程最大值和最小值，P(A) 为研究区域单元内的平地（即 $H_{max} - H_{min} \leqslant 30$ 米）面积，A 为单元总面积。采用 ArcGIS 的邻域分析（Neighbourhood）工具，统计出 10 千米×10 千米格网的最大值和最小值，计算出高程差，代表平均起伏度。

通过高程与起伏度综合计算，将研究区划分为中高山区与低山平原区两大类区域，其中陇南、神农架林区、甘南、汉中、绵阳、安康、商洛、宝鸡、天水、定西、广元、十堰、巴中为中高山区，起伏度平均值在 [113.40 米，209.22 米]，平均海拔高程在 [733.64 米，3368.58 米]；西安、重庆、三门峡、达州、洛阳、南充、渭南、襄阳、南阳、平顶山为低山平原区，起伏度平均值在 [36.01 米，119.81 米]，平均海拔高程在 [249.41 米，1025.71 米]。

统计结果显示，不同地形区域耦合度、协调度指数演化具有明显差异，总体呈现"低山平原区>总体范围>中高山区"的规律特征（见图4-11）。从综合发展指数来看，三个类型区均呈现不同程度的总体下降、稍有波动状态。低山平原区四个年份指数分别为 0.7991、0.6714、0.7129、0.6919，变化幅度较大，中高山区四个年份指数分别为 0.6600、0.6107、0.6201、0.6259，变化相对较缓，秦巴山区的总体演化特征介于两者之间（见图4-11）。从耦合度来看，低山平原区多年处于高水平耦合阶段，且呈现平稳上升趋势，中高山区指数则快速下降，由 2005 年的 0.5828（磨合阶段）下降为 2015 年的 0.4400（拮抗耦合）

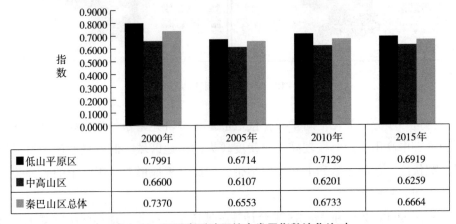

	2000年	2005年	2010年	2015年
■低山平原区	0.7991	0.6714	0.7129	0.6919
■中高山区	0.6600	0.6107	0.6201	0.6259
■秦巴山区总体	0.7370	0.6553	0.6733	0.6664

图4-11　不同类型地区综合发展指数演化比对

（见图 4-12）。从协调度来看，低山平原区总体呈平稳中略有下降的态势，协调程度在良好协调和中级协调两种状态间浮动，中高山区的协调状态相对较差，由初级协调（2000 年）下降为勉强协调（2015 年）并接近濒临失调的发展状态（见图 4-13）。研究区整体的耦合协调度演化状态介于低山平原区和中高山区之间。

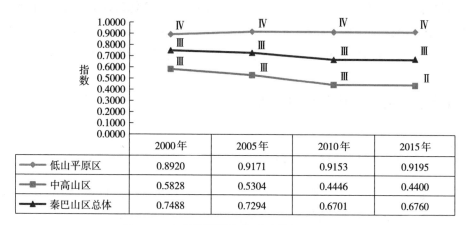

	2000年	2005年	2010年	2015年
◆ 低山平原区	0.8920	0.9171	0.9153	0.9195
■ 中高山区	0.5828	0.5304	0.4446	0.4400
▲ 秦巴山区总体	0.7488	0.7294	0.6701	0.6760

图 4-12 不同类型地区耦合度指数演化比对

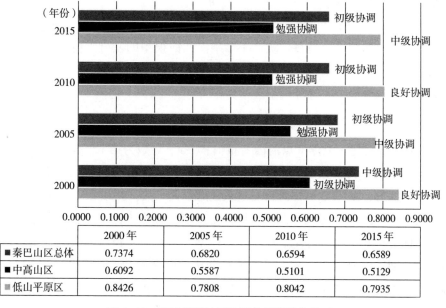

	2000年	2005年	2010年	2015年
■ 秦巴山区总体	0.7374	0.6820	0.6594	0.6589
■ 中高山区	0.6092	0.5587	0.5101	0.5129
▨ 低山平原区	0.8426	0.7808	0.8042	0.7935

图 4-13 不同类型地区协调度指数演化比对

分析结果表明，各指数的总体下降主要是因为人类活动系统的不均衡和快速分异，而演化差异则源于地形因素影响下的地区发展速度和水平差异。中高山地区交通条件落后、用地拓展受限，导致社会经济水平处于整个区域中的落后位序，且距离平均水平越远，发展度指数越低；而中高山地区生态环境较好，资源供给指数均为上升趋势，但由于人类活动需求和资源环境供给的差距大且变化较快，导致了耦合协调度的相对快速下降。另外，低山平原区人地指数总体差距较小，且演化相对同步，因此耦合协调度演化趋势也相对平缓。

三、协调度演化驱动力分析

(一) OLS 模型与 GWR 模型

对演化驱动影响因素的分析一般采用全局回归模型——最小二乘法（Ordinary Least Square，OLS）和局部回归模型——地理加权法（Geographical Weighted Regression，GWR）两种，其中 OLS 模型一般表达式为：

$$y_i = \beta_0 + \beta_1 x_1 + \beta_2 x_2 + \cdots + \beta_n x_n + \varepsilon \tag{4-15}$$

式中，x_n 是第 n 个解释自变量，β_n 是解释自变量的系数，ε 为随机误差。

地理加权回归模型是在传统最小二乘法回归模型的基础上将空间位置引入回归参数中，用于刻画参数在空间位置上的非平稳性现象，[194]具有相对较好的空间自变量解释能力，计算模型表达为：[207,208]

$$y_i = \beta_0(u_i, v_i) + \sum_n \beta_n(u_i, v_i) x_{in} + \varepsilon_i \tag{4-16}$$

式中，y_i 为第 i 个样本点的因变量值；(u_i, v_i) 为第 i 个样本点的地理坐标；$\beta_0(u_i, v_i)$ 为常数项的位置函数；n 为自变量个数；x_{in} 为第 i 个样本点第 n 个自变量的值；$\beta_n(u_i, v_i)$ 为自变量系数的位置函数；ε_i 为随机误差。

以 2000~2015 年各地市的耦合协调度差值结果作为因变量，以各指标因子差值的标准化数据作为自变量构建回归模型，为对回归模型的有效性进行充分验证，分别采用 OLS 和 GWR 模型进行分析，并对参数和结果进行比对分析。构建 OLS 模型时，借助 SPSS 对解释变量进行筛选和排序，采用向后剔除法对初选特征变量进行逐个删除，直到模型中没有相关性较弱的变量为止，最终确定最优解释变量和最终 OLS 优选模型；构建 GWR 模型时，基于贪心算法理念，模拟 SPSS 中的向后剔除法对初选变量进行逐个删除,并引入 Akaikede 的信息准则法(Akaikede Information Criterion, AIC)和残差随机分布特征对模型的有效性进行验证,通过比对最优拟合系数和模型 AIC 值,最终选择相对可靠的回归系数用以解释耦合协调度的演化驱动因素,GWR 模型在选择核函数时分别采用固定距离法(Fixed)和自适应法(Adaptive)形成两组模型 GWR1 和 GWR2,带宽由最小信息准则决定。

(二)驱动因素分析

借助 SPSS 的因子相关性分析和显著性验证,初步选出地均 GDP、人均居住面积、人均生活用水量、万元 GDP 能耗、人均耕地面积、人均水资源可利用量、工业废物综合利用率、工业烟尘处理率、植被覆盖率、建成区绿化覆盖率 10 个变量并将其作为模型解释自变量构建 OLS 模型,经过向后迭代剔除,最终地均 GDP、人均居住面积、工业废物综合利用率、建成区绿化覆盖率进入最优模型且均可以在 5% 的显著性水平下通过检验,拟合系数 R^2 为 0.751;同样采用向后迭代的方式构建 GWR1(固定距离法)和 GWR2(自适应法)模型,从结果来看,GWR1 最优模型的解释变量为地均 GDP、人均居住面积、工业废物综合利用率、建成区绿化覆盖率、工业烟尘处理率 5 个变量,GWR2 最优模型与 OLS 模型一样将地均 GDP、人均居住面积、工业废物综合利用率、建成区绿化覆盖率选入最优模型,两个 GWR 模型在迭代过程中 AIC 值均符合逐渐减小,|AIC 前- AIC 后|>3 的检验规则(见表 4-10),最优模型的标准残差也符合小于 2.5 的随机分布状态(见图 4-14),模型通过验证。从回归模拟结果来看,GWR1 和 OLS 拟合系数相似,GWR2 拟合系数略高,但 AIC 值略低。从最优模型的回归系数来看,GWR2 模型的地均 GDP、人均居住面积系数与前两个模型相比略高,三个模型的回归系数都呈现"地均 GDP>人均居住面积>工业废物综合利用率>建成区绿化覆盖率>工业烟尘处理率"的特征,且前 2 项远高于后 3 项(见表 4-11)。综合考虑以上分析,将 GWR1 作为人地系统演化影响因素研究的最优模型。

表 4-10　向后剔除法 OLS 与 GWR 向后迭代模型参数比对

自变量模型	OLS				GWR1				GWR2			
	R^2	调整后的 R^2	F	Sig.	R^2	调整后的 R^2	AICc	Sigma	R^2	调整后的 R^2	AICc	Sigma
1	0.795	0.624	4.655	0.007[b]	0.7952	0.6240	-39.44	0.043	0.8710	0.500819	31.88	0.049
2	0.795	0.653	5.603	0.003[c]	0.7952	0.6529	-48.65	0.041	0.8566	0.533785	4.15	0.048
3	0.795	0.677	6.77	0.001[d]	0.7947	0.6770	-56.28	0.040	0.8557	0.591048	-16.27	0.045
4	0.791	0.694	8.125	0.000[e]	0.7914	0.6937	-62.41	0.039	0.8441	0.613659	-31.62	0.043
5	0.784	0.703	9.668	0.000[f]	0.7839	0.7025	-67.17	0.038	0.8405	0.65685	-45.68	0.041
6	0.776	0.711	11.806	0.000[g]	0.7765	0.7106	-71.23	0.038	0.8266	0.678974	-56.63	0.040
7	0.751	0.696	13.6	0.000[h]					0.7945	0.650196	-59.83	0.041

注：OLS 为最小二乘法回归模型，GWR1 为地理加权回归模型（固定距离法），GWR2 为地理加权回归模型（自适应法），因变量为耦合协调度；

自变量模型 1 为地均 GDP、人均居住面积、人均生活用水量、万元 GDP 能耗、人均耕地面积、人均水资源可利用量、工业废物综合利用率、工业烟尘处理率、植被覆盖率、建成区绿化覆盖率；

自变量模型 2 为地均 GDP、人均居住面积、人均生活用水量、万元 GDP 能耗、人均耕地面积、人均水资源可利用量、工业废物综合利用率、工业烟尘处理率、建成区绿化覆盖率；

自变量模型 3 为地均 GDP、人均居住面积、万元 GDP 能耗、人均耕地面积、人均水资源可利用量、工业废物综合利用率、工业烟尘处理率、建成区绿化覆盖率；

自变量模型 4 为地均 GDP、人均居住面积、万元 GDP 能耗、人均水资源可利用量、工业废物综合利用率、工业烟尘处理率、建成区绿化覆盖率；

自变量模型 5 为地均 GDP、人均居住面积、万元 GDP 能耗、工业废物综合利用率、工业烟尘处理率、建成区绿化覆盖率；

自变量模型 6 为地均 GDP、人均居住面积、工业废物综合利用率、工业烟尘处理率、建成区绿化覆盖率；

自变量模型 7 为地均 GDP、人均居住面积、工业废物综合利用率、建成区绿化覆盖率。

依据模型结果可以得出，秦巴山区人地系统耦合协调度演化的主要驱动因素为地均 GDP、人均居住面积、工业废物综合利用率、建成区绿化覆盖率、工业烟尘处理率，影响系数平均值分别为 0.7925、-0.5600、-0.1008、-0.0893、0.0410（见表 4-11）。其中地均 GDP 代表经济发展水平，人均居住面积代表经济社会发展占用资源的强度，工业废物综合利用率代表资源利用的集约程度，建成区绿化覆盖率和工业烟尘处理率反映生态环境水平。

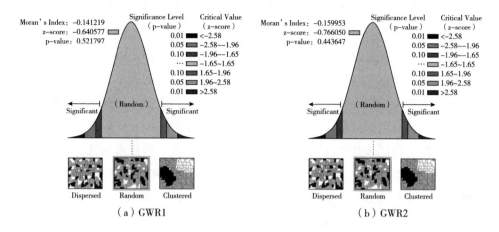

图 4-14　GWR 最优模型的标准残差分布

表 4-11　OLS 与 GWR 最优模型影响因子参数比对

	OLS				GWR1		GWR2	
	B	Std Error	t	Sig.	Coefficient	Std Error	Coefficient	Std Error
（常量）	−0. 102	0. 015	−6. 941	0. 000				
地均 GDP	0. 782	0. 222	3. 529	0. 002	0. 7925	0. 2164	0. 8135	0. 3463
人均居住面积	−0. 625	0. 116	−5. 382	0. 000	−0. 5600	0. 1225	−0. 6471	0. 1456
工业废物综合利用率	−0. 100	0. 027	−3. 704	0. 002	−0. 1008	0. 0264	−0. 1040	0. 0337
建成区绿化覆盖率	−0. 090	0. 028	−3. 274	0. 004	−0. 0893	0. 0269	−0. 0854	0. 0345
工业烟尘处理率					0. 0410	0. 0297		

注：OLS 为最小二乘法回归模型，GWR1 为地理加权回归模型（固定距离法），GWR2 为地理加权回归模型（自适应法）。

秦巴山区整体生态环境较好，经济发展相对落后，绝大多数城市生态环境指数远高于经济发展指数，因此地均 GDP 成为制约秦巴山区人地系统耦合协调发展的核心因素，地均 GDP 的标准化指数提高，则耦合协调度快速上升，地均 GDP 的标准化指数下降，则耦合协调度快速降低。2000～2015 年，由于整体发展不均衡，秦巴山区尽管各地市地均 GDP 统计数据在上升，但综合经济发展指数呈下降趋势，耦合协调度也开始下降。数据分析结果中，人均居住用地面积与耦合协调度呈负相关，影响系数也相对较高，说明人均占用资源的水平在很大程度上影响着人地系统的协调程度，同样居住用地容纳的人口越多，说明资源的利用效率越高，对资源的破坏和占用也越少，耦合协调度在一定程度上才能有所上升。工业废物综合利用率、建成区绿化覆盖率都是生态环境质量的重要指标，数据显示其与耦合协调度呈较弱的负相关，说明较小的生态环境质量提升并不能使人地耦合协调度得到提升，反而由于对资源环境供给指数的上升有贡献，对秦巴山区而言，会小幅拉大人类活动需求系统和资源环境供给系统之间的差距，使原本就不高的耦合协调程度有所降低。因此本书认为有效提高秦巴山区人地系统耦合协调程度的主要措施是在保证资源占用最小的前提下，快速提升地区的经济发展水平和生活质量，同时保证生态环境水平在现有相对较好的基础上有大幅度的提升。

第四节　人地系统的水平格局

一、自然地理环境格局

（一）地理高程与坡度

秦巴山区包括秦岭和巴山两大山脉的若干支脉山系，地形以山地为主，地貌单元包括：中部为秦岭山脉、汉江河谷、大巴山山脉，高程大多在1500米以上，西部与青藏高原接壤地区以及中部太白山—终南山区域为中高山区，高程一般在1500~3000米；大巴山山脉又可分为米仓山和大巴山，高程在1000~2500米；汉江河谷盆地高程在400~600米，南部和东部部分丘陵平原区高程低于400米（见图4-15）。秦巴山区总体坡度较大，坡度大于25度的区域占研究范围总面积的27.38%。其中坡度较低的区域为位于秦岭与关中平原、豫东平原交界处的丘陵地带，四川盆地北侧与巴山山脉交界处的丘陵地带，以及嘉陵江、汉江、丹江流域沿线形成的河漫滩平原及盆地区域（见图4-16）。

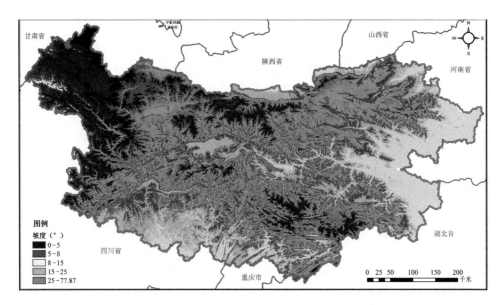

图 4-15　秦巴山区地形高程分级

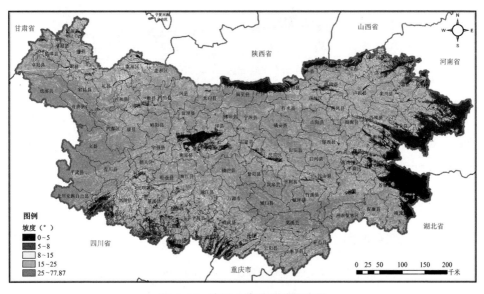

图 4-16　秦巴山区地形坡度分级

(二) 降水分布

秦巴山区属于北亚热带海洋性气候、亚热带—暖温带过渡性季风气候和暖温带大陆性季风气候，年均降水量 400~1300 毫米。采用克里金插值法对 113个气象观测站样本点的降雨量数据在 GIS 中进行空间插值，得到秦巴山区研究范围内降雨量插值分布图 (见图 4-17)。秦巴山区多年平均降雨量呈现南部多北部少、东部多西部少的空间格局，重庆、四川地区平均降雨量可达1000 毫米以上，属丰水区；河南省、陕西省、甘肃省降雨量较少，平均降雨量仅为 400~600 毫米，属枯水区；湖北省平均降雨量较均匀，在 700~900 毫米，属平水区。

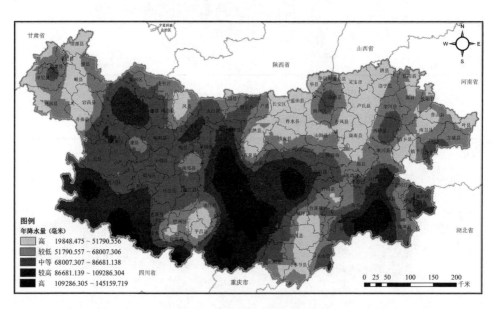

图 4-17 秦巴山区降水格局分布

(三) 人均可利用土地资源

可利用土地资源是评价一个地区剩余或潜在可利用土地资源对未来人口聚集、工业化和城镇化发展承载能力的指标，它由后备适宜建设用地的数量、质量、集中规模三个要素构成，具体通过人均可利用土地资源或可利用土地资源来反映。[209,210] 从评价结果来看，秦巴山区土地资源的丰富程度与地形地貌关系较大，可利用土地资源缺乏的县主要位于海拔坡度较大的陇南山区、丹江中上游地区以及巴山东段的三峡库区核心地带，土地资源相对丰富的区县主要位于土地相对平坦、人口较少的秦岭北麓、豫东地区和成徽盆地区域，汉中盆地、商丹盆地虽然相对平坦，但由于人口总量较大，总体处于中等至较缺乏的区间范围（见图4-18）。

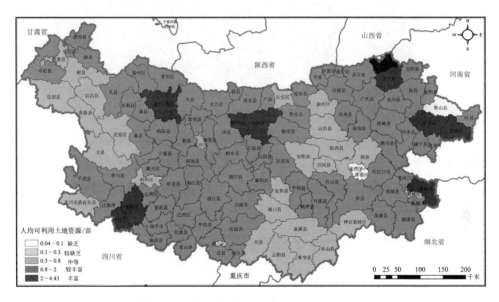

图4-18　秦巴山区人均可利用土地资源分布

（四）人均可利用水资源

可利用水资源是评价一个地区剩余或潜在的可利用水资源状况的指标，能反映水资源对经济社会发展的支撑能力。通过查询秦巴山区范围内各省水资源统计公报获取各片区可利用水资源统计量（以地市级为单元），结合2015年水系30米精度栅格数据采用地理信息系统方法进行划分，获得地区各区县的水资源分布状况的评价结果（见图4-19）。从分析结果来看，秦巴山区总体可利用水资源量为7414092.23万立方米，大部分地区水资源都比较丰富，总体呈现"中部丰富、外围相对缺乏"的空间格局，其中人均水资源量较多的县市主要为嘉陵江流域的西部区县、汉江流域的安康区县以及丹江口、神农架林区周边区县，人均可利用水资源相对缺乏的区县主要位于秦岭北麓、小秦岭区域以及南部边缘丘陵区的四川、重庆部分区县。

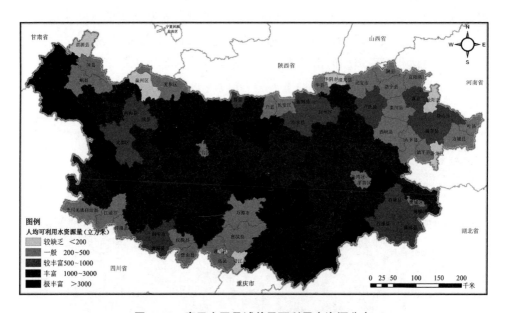

图4-19　秦巴山区县域单元可利用水资源分布

（五）森林植被分布格局

秦巴山区是我国重要的生态功能区，森林覆盖率和植被覆盖度相较于其他地区较高。通过遥感解译分析得到秦巴山区森林覆盖率分布图（见图4-20）。可以看出，秦岭、大巴山山区腹地森林覆盖率较高，在40%～90%；其中数据最高的区县为神农架林区、湖北各县市以及太白县、宁陕县、舟曲县、卢氏县、栾川县、西峡县、北川羌族自治县，面积占比为13.06%，数据较高的区县有30个，面积占比为30.51%；安康盆地、成徽盆地和四川、河南地区的丘陵山区森林覆盖率较低，面积占比为10.79%，森林覆盖率不到20%。

（六）生态重要性与生态敏感性评价

生态重要性评价可分为水源生态涵养评价、生物多样性评价、水土保持评价。通过分项评价得到秦巴山区生态重要性和生态敏感性分布结果。秦巴山区

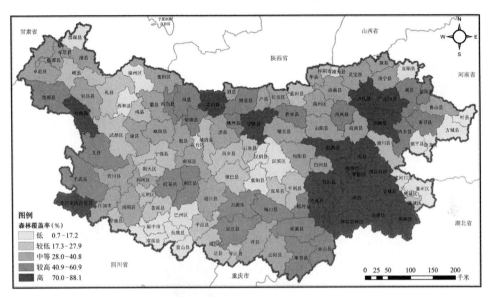

图4-20　森林覆盖率空间分布

是全国水源涵养的重要功能区之一，生态重要性较高的区域总体分布在甘肃、陕西、重庆、湖北等地区的山区腹地。其中极为重要的区域主要分布于甘肃的天水、陇南；陕西的宝鸡、汉中、安康、商洛；四川的绵阳、广元；湖北神农架一带，以及重庆市北部区域（见图4-21）。

从生态敏感性评价结果来看，生态敏感脆弱地区主要包括生态系统结构稳定性较差、对环境变化反应相对敏感、容易受到外界干扰而发生退化、自然灾害多发的地区，主要包括土壤侵蚀敏感性和石漠化敏感区。通过分析可以发现，生态敏感性与生态重要性区域重合度相对较高，敏感性较高的区域主要位于甘肃陇南山区、陕西商洛山区、大巴山东西两端山区（见图4-22）。

（七）地质灾害空间格局

秦巴山区整体地质灾害比较严重，大部分区县处于滑坡崩塌泥石流的高险度和较高险度区，高险度主要为临近青藏高原的西部地区，汉中盆地、秦岭北麓和秦巴山区东部地区险度相对较低（见图4-23（a））；滑坡崩塌泥石流发生险情最高的地区主要位于甘肃、四川北部地区（见图4-23（b））；地质灾害发生后灾害影响程度最大的地区主要位于甘肃和四川地区以及汉中、宝鸡、

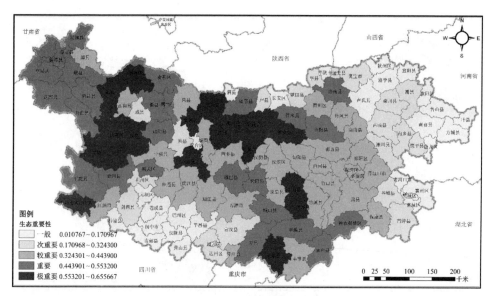

图 4-21　生态重要性评价

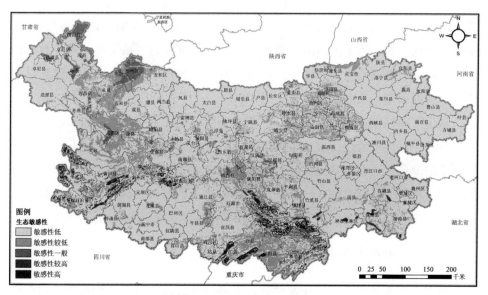

图 4-22　生态敏感性评价

十堰、洛阳、南阳和重庆的部分区县；影响程度较大的地区位于丹江流域和
嘉陵江流域的区县（见图 4-23（c））；地质断裂带的分布主要位于秦岭、大
巴山的主脉地区（见图 4-23（d））。

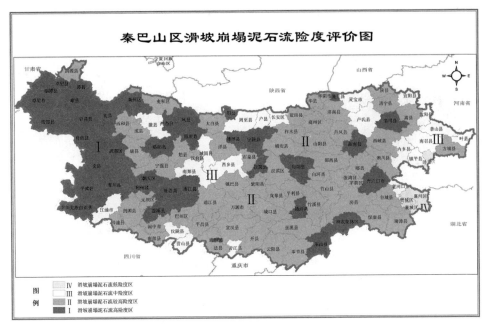

（a）滑坡崩塌泥石流险度评价

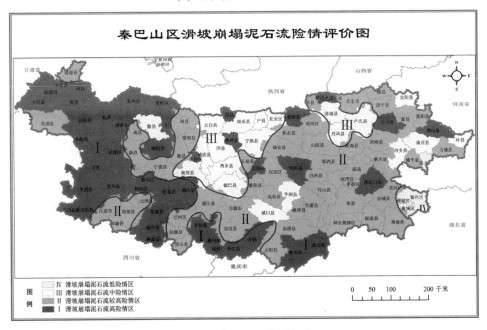

（b）滑坡崩塌泥石流险情评价

图4-23 地质灾害分项评价

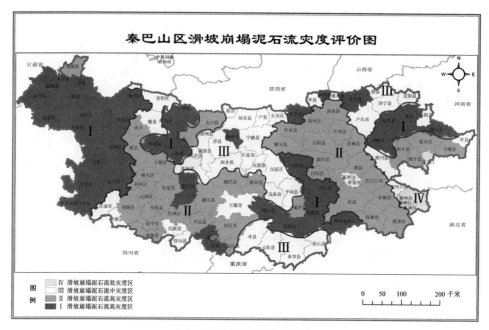

（c）滑坡崩塌泥石流灾度评价

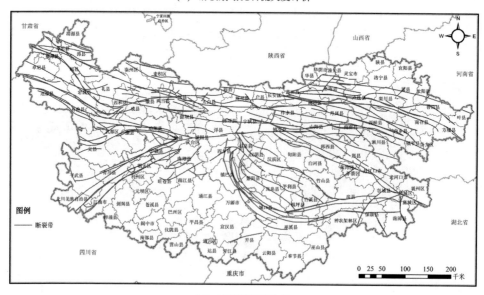

（d）地质断裂带分布

图4-23　地质灾害分项评价（续）

资料来源：根据中国地质调查局地质环境监测院（http://www.cigem.cgs.gov.cn）发布的地质灾害系列图纸在GIS平台下矢量化而得，数据时间为1999~2014年。

综合地质灾害险度、险情、灾度和地质断裂带四个因子，得到秦巴山区地质灾害的综合评价结果（见图4-24）。地质灾害影响程度较高的地区主要位于甘肃山区、嘉陵江流域、神农架林区周边以及伏牛山周边区县。影响程度最低和较低的地区主要位于秦岭北麓、汉中平原、徽成盆地、秦岭东麓、四川盆地北缘以及襄阳城区等地，合计区县个数为23个，面积占比为14.46%。其余区县灾害影响程度一般，数量为48个，面积占比为42.64%。

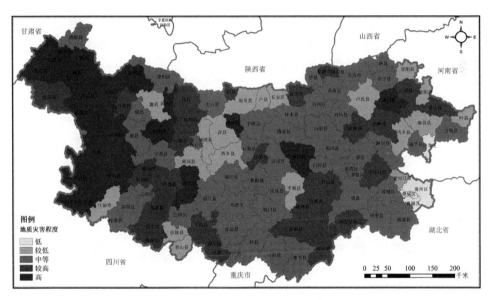

图4-24 地质灾害分布空间格局

二、人口与经济格局

人口、经济空间格局是特定时空背景下人地关系的一种间接反映，[211]作为自然和人文双重因素的影响结果，人口分布、经济格局不仅受到自然环境的影响，更是在社会、文化、产业等诸多因素的影响下通过相互作用形成的特定空间状态。

（一）人口分布总体格局

秦巴山区平均人口密度为200人/平方千米，总体呈现与海拔分布负相关的特征，人口密度在平原、盆地区域较高，在山地区域较低。密度较高区域主要为川北、渝北、豫东、秦岭北麓、汉中盆地、安康盆地等区域，密度较低区域主要位于陇南山区、神农架林区以及伏牛山的高海拔区域（见图 4-25）。另外，相较于自身的山区地貌特性，秦巴山区人口密度整体偏高，人口密度高于 300人/平方千米的区县（包括县级市）数量有 32 个，占区县总数的 26.9%，面积占比为 17.76%；人口密度高于 100 人/平方千米的区县（包括县级市）数量有88 个，占区县总数的 73.9%，面积占比为 67.97%；人口密度低于 100 人/平方千米的区县（包括县级市）数量有 31 个，占区县总数的 26.9%，面积占比为32.03%（见表 4-12）。人口密度较高的区县主要分布在秦岭北麓、东麓和大巴山南麓的部分区县，汉中盆地区域的区县人口密度也相对较高。

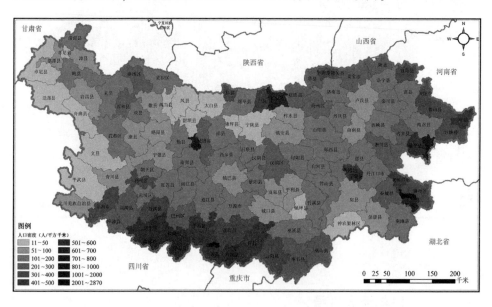

图 4-25　秦巴山区人口密度分级

表 4-12　秦巴山区人口密度分级

要素分类	分级标准	区县个数	个数占比
人口密度（人/平方千米）	<100	31	32.03%
	100~300	56	50.21%
	300~500	18	12.11%
	500~800	10	4.93%
	>800	4	0.72%

（二）经济发展水平格局

经济发展水平是刻画地区经济发展现状和增长活力的综合性指标，可以通过地均 GDP 和地区 GDP 增长率来反映。

从地均 GDP 的空间分布上来看，总体呈现东高西低、平原盆地高、山地丘陵低的分布特征，地均 GDP 相对较高的区域主要位于秦岭北麓、川渝北部地区、豫东地区和汉江流域地区等地，较低的区域主要位于秦岭、巴山的深山腹地（见图 4-26）。

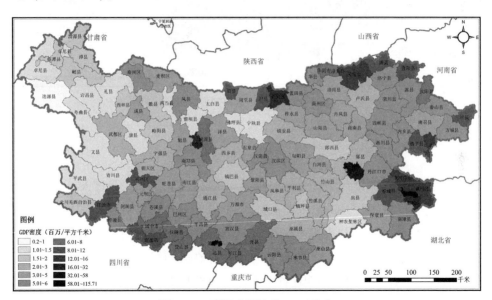

图 4-26　秦巴山区地均 GDP 分布

结合 GDP 总量和 GDP 增长率指标对秦巴山区的经济发展情况进行分析，发现经济发展水平较好的区域主要位于陕西的汉中、安康、商洛和宝鸡地区，尤其以宝鸡的凤县最为突出，其他经济发展水平较高的区域还包括湖北的襄阳地区和十堰城区，造成这一变化的原因主要是陕南地区的旅游快速发展带动了 GDP 的快速增长。四川北部地区区县经济总量相对较高，但因为人口较多，增速不高，使整体经济发展水平的评价结果不高（见图 4-27）。综合评价结果显示，秦巴山区经济发展水平较低的区县有 78 个，占区县总量的 65.5%，经济较好的区县有 28 个，只占区县总量的 23.5%。

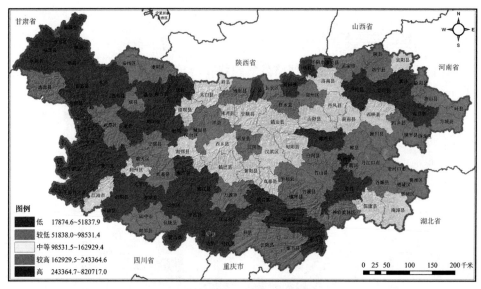

图 4-27　秦巴山区经济发展评价

(三) 人口、经济空间的集聚与空间自相关

参考相关文献，[212,213]结合 Lorenz 曲线和基尼系数，对区县尺度人口分布集聚特征进行描述和分析。Lorenz 曲线显示，人口累积比例达 20% 时，对应的国土面积累积比例为 49%；人口累积到 50% 时，国土面积累积比例达到 80% (见图 4-28)，说明秦巴山区人口分布具有不均衡性并在人口较少区间集中。经计算，曲线的基尼系数为 0.41，说明这种不均衡性处于基本合理和相对较大的临界位置 (国际通用标准认为，基尼系数小于 0.2 表示绝对平均，0.2~0.3 表示比较平均，0.3~0.4 为基本合理，0.4~0.5 表示差距较大，0.5 以上表示差距悬殊)[214]。秦巴山区人口分布在 Lorenz 曲线上没有呈现明显的"二八定律"或者帕累托法则，这意味着其人口分布尽管较不均衡，但并没有像全国尺度那样处于极度不均衡状态，这主要是由于区域整体地形复杂，适合人口高密度聚集的地域面积小，处于高值区的区县人口密度与东南沿海地区相比还处于较低水平，因此集聚程度仍处于中等水平。

此外，区县尺度的空间自相关分析结果显示，秦巴山区人口密度、GDP 密度区县尺度 Moran's I 指数分别为 0.417171、0.448336，像元尺度 (1 千米×1 千

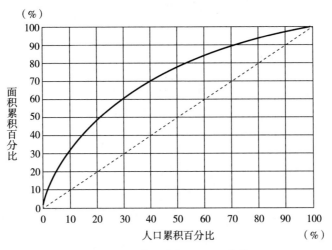

图4-28　人口分布 Lorenz 曲线

米为1像元）的 Moran's I 指数分别为0.9543和0.8272（见表4-13），在1%的置信水平下达到显著相关，说明在多尺度水平下人口空间分布、经济空间分布存在一定的正自相关性，即高值区由相邻高值区围绕，低值区由相邻低值区围绕。因此可以得到秦巴山区人口、经济要素在空间上具有一定集聚特征的结论。

表4-13　不同空间尺度下的全局 Moran's I 指数

分类	区县尺度	像元尺度
人口密度	0.417171	0.9543
GDP 密度	0.448336	0.8272

（四）人口、GDP 密度冷热点空间分析

空间探测分析方法常被用于进行空间聚类、离散和随机模式分析，识别区域发展的冷点和热点[215]。采用莫兰指数（Global Moran's I）、冷热点探测（Getis-Ord General G）两种方法测度分析秦巴山区人口—经济的水平空间分异特征，其中 Moran's I 指数主要衡量秦巴山区全局的自相关特征，[85]用于分析人口、GDP 密度集聚特征，分别采用像元尺度与区县尺度计算 Moran's I 指数，可以更精确地衡量其空间分异特征。Getis-Ord General G 采用可视化的方法探测

局部地区是否存在统计上显著相关性的高值区和低值区,[216] 区县尺度的冷热点探测结果不够理想,因此分析像元尺度的冷热点区域。

Moran's I 指数表达式为:

$$I = \frac{\sum\limits_{k=1}^{n}\sum\limits_{j=1}^{n} W_{ij}(X_i - \overline{X})(X_j - \overline{X})}{S^2 \sum\limits_{k=1}^{n}\sum\limits_{j=1}^{n} W_{ij}}(i \neq j) \tag{4-17}$$

其中,$S^2 = \frac{1}{n}(X_i - \overline{X})^2$,$\overline{X} = \frac{1}{n}\sum\limits_{i=1}^{n} X_i$

式中,n 为样本数量;X_i 和 X_j 为样本观测值;$\overline{X}$ 为 n 个观测值的平均值;W_{ij} 为要素 i 和 j 的空间权重。Moran's I 值介于 [-1, 1],当 I 值>0 时,表示空间呈正相关,当 I 值<0 时,表示空间呈负相关,值越大则相关性越高,空间分布上呈集聚特征。当 I 值=0 时,表示空间呈随机分布,不存在空间自相关性。

Getis-Ord General G 指数表达式为:

$$G_i^* = \frac{\sum\limits_{j=1}^{n} W_{ij}X_j - \overline{X}\sum\limits_{j=1}^{n} W_{ij}}{S\sqrt{\dfrac{n\sum\limits_{j=1}^{n} W_{ij}^2 - \left(\sum\limits_{j=1}^{n} W_{ij}\right)^2}{n-1}}} \tag{4-18}$$

其中,$S = \sqrt{\dfrac{\sum\limits_{i=1}^{n} X_j^2}{n} - \overline{X}^2}$,$\overline{X} = \frac{1}{n}\sum\limits_{i=1}^{n} X_i$

当 G_i^* 值>0,且统计显著时,属于空间高值聚集"热点"区;当 G_i^* 值<0,且统计显著时,则属于空间高值聚集"冷点"区。

采用 ArcGIS 中的 Hot Spot Analysis(Getis-Ord G_i^*)工具对秦巴山区人口密度、GDP 密度冷热点进行分析,结果显示:人口密度、GDP 密度的冷热点格局基本相似,冷点和热点存在显著的区域差异,高值集聚与低值集聚同时存在,整体呈现外围热、内部冷的空间格局(见图 4-29、图 4-30)。热点区域主要处于外围边缘地区,主要包括秦岭北麓的陕西区县、东部小秦岭—伏牛山地区东缘的河南、湖北区县以及四川、重庆北部的区县,另外中部间隔出现的地级市行政中心所在区县总体也位于热点区域。热点区域分布的特征为除中间地区外，外围地区相对集中连片，且越靠近外围热度越高；冷点区域主要位于西部的靠近青藏高原的甘肃山区、秦岭主峰太白山、终南山所在的陕南区县以及大巴山腹地、神农架林区周边的区县。对比图 4-29 和图 4-30，可以发现，与人口密度冷热点相比，GDP 密度的热点区域的连续性略低，最冷区域的面积相对较少，说明秦巴山区 GDP 密度的集聚性比人口密度略低。

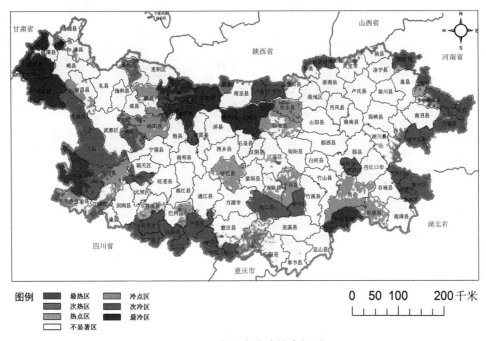

图例　■ 最热区　■ 冷点区
　　　■ 次热区　■ 次冷区
　　　■ 热点区　■ 最冷区
　　　□ 不显著区

0　50 100　　200千米

图 4-29　人口密度冷热点探测

从秦巴山区人口密度、GDP 密度冷热点分布特征可以看出，热度较高的区域基本处于毗邻周边大城市的外围地带，中部汉江沿线的中等城市所在区域多为交通条件较为便利、经济发展相对较好的地区，因此人口和经济要素集聚程度总体较高。

(五) 城镇发展空间格局

秦巴山区城镇人口共计 1584 万人，常住人口城镇化率为 39.39%，城镇化水平较低且空间分布差异显著。受自身资源要素、交通条件、经济发展等多方

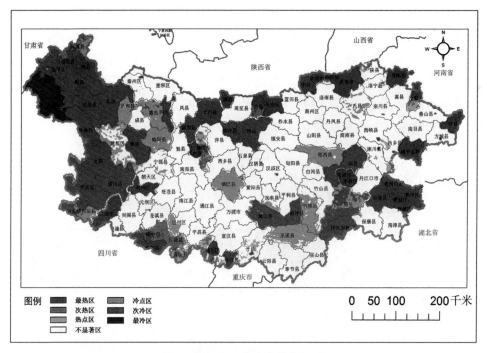

图 4-30　GDP 密度冷热点探测

面因素影响，秦巴山区城镇化水平地区差异较大。甘肃片区整体城镇化率较低，基本在 20% 以下；陕西片区、河南片区、重庆片区城镇化率相对较高，处于 30%~50% 的区县相对较多；四川靠近南部区域城镇化率相对较高，在腹地区域，低于 30% 的区县占绝大多数（见图 4-31）。从总体分布来看，城镇化率超过 44% 的区县有 24 个，占区县总数的 20.2%，面积占比为 14.96%；城镇化率低于 28% 的区县有 56 个，占区县总数的 47.05%，面积占比为 50.24%。城镇化水平与经济发展水平分布的相关性明显，都呈现东高西低、外围高内部低的格局。

（六）建设用地空间分异

采用建设用地占比（建设用地占国土面积的比例）来反映秦巴山区各区县的土地建设强度和资源占用情况。对于秦巴山区而言，建设用地占比与地区、地形、地貌特征密不可分，从建设用地占比的空间分布情况来看，建设用地比重较低（<2.38%）的区县占绝大多数；建设用地比重在 0.081%~0.97% 的区县有 62 个，面积占全域面积的 60%；建设用地比重在 0.98%~2.38% 的区县有

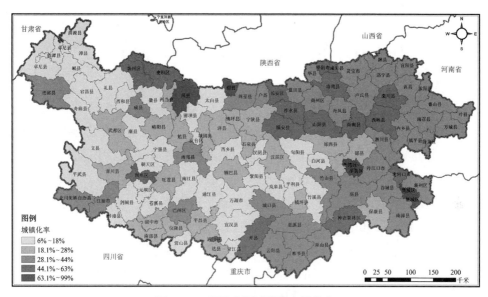

图 4-31 秦巴山区城镇化水平分布

26 个，面积占全域的 23.77%；建设用地比重较高的地区主要为地形起伏度较低的秦岭北麓和东麓、四川盆地北部的丘陵地区、徽成盆地、汉中盆地等地区，地级市行政中心所在区的建设用地占比也相对较高（见图 4-32）。

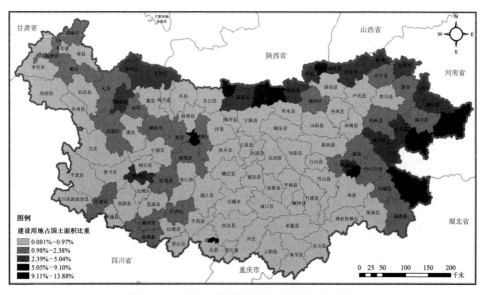

图 4-32 秦巴山区各区县建设用地占比分布

第五节　人地系统的垂直格局

地形是最主要的自然环境要素之一，可直接影响地表水热条件的再分配，[217,218]影响土壤与植被的形成和发育过程，反映土地利用与土地质量的优劣，[219]对人类生产生活造成显著影响。随着数字高程模型（Digital Elevation Model，DEM）数据库的完善和发展，采用 DEM 作为基本信息源对区域地形进行研究受到广大地学研究者的关注，基于地形因素的地质地貌、水文水资源、人口社会经济发展和生态景观格局研究广泛开展。[220-222]

已有研究表明，作为地形特征核心指标的高程和起伏度可在一定程度上影响区域人口空间分布格局、城镇建设和生产生活方式。[219,223]而对于山区而言，地形高差和起伏是其有别于其他地貌区域的核心要素，高差的存在使气候、植被、生物种类等自然要素随之发生规律性变化，而人类活动系统也因此呈现在空间上的垂直分异特征，起伏度更加剧了这种分异程度并进一步影响自然环境的空间演变。因此从人地系统视角定量揭示人口、经济空间垂直分异规律，重点探讨地形对于秦巴山区人口、经济空间分布的影响程度和影响机制十分重要。本节在像元尺度的基础上通过分区统计、样带梯度统计等方法计算出区县尺度、经纬线样带尺度的统计数据，来研究秦巴山区人口、经济要素的垂直分异特征，并分析其与地形起伏度和海拔高程之间的关系。

提取地形起伏度主要基于封志明等（2007）[83]提出的起伏度计算公式：

$$Re = \{[H_{max} - H_{min}] \times [1 - P(A)/A]\}/500 \qquad (4-19)$$

Re 主要指代地形起伏度，H_{max} 和 H_{min} 分别代表研究区域内高程的最大值和最小值；$P(A)$ 表示研究区域内的平地（即 $H_{max} - H_{min} \leqslant 30$ 米）面积；A 为区域内的总面积。参考已有研究，将 500 米视为 1 个中国基准山体高度。具体方法为采用 ArcGIS 中的邻域分析（Neighbourhood）工具，首先统计出 5 千米×5 千米范围内像元的最大值和其邻域最小值，利用 Raster Calculator 工具计算高程差。其次提取出高差小于等于 30 米的栅格像元，计算样区内 10 千米×10 千米的高差小于等于 30 米的栅格总数目，使用 Select Tools 等函数运算求得各区域内平地所占的比例，即 $[1 - P(A)/A]$。

样带统计法是选择包括横跨秦岭和巴山主脉、汉江盆地、川北丘陵山区等多个地貌特征区的四条样带做典型性分析（见图4-33），具体做法为选择106°E、109°E、32°N和33°N为中心线，宽度为0.2°的缓冲区作为典型样带，使用按掩膜提取工具获得样带内的起伏度、高程、人口密度、GDP密度数据，并对获取数据进行邻域分析，3D Analyst Tools工具箱下的插值提取工具获得经纬线上的各类数据结果，并做进一步分析。

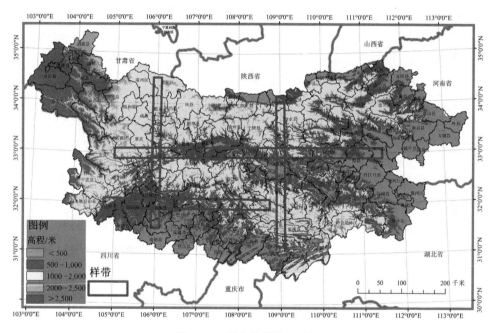

图4-33 垂直格局样带选择

一、人地系统垂直分异特征

（一）人口密度垂直分异特征——像元尺度

为了分析人口密度在不同海拔区间的分布及占比情况，将1千米×1千米人口密度（单位：人/平方千米）数据按照自然间断法进行分级，规定人口密度在7~179为低值区域，180~454为中等值区域，455~1141为较高值区域，

1142~3065 为高值区域，人口密度值>3066 为极高值区域，对分级后的人口
密度数据进行重分类；同时将高程数据按照<500 米、500~1000 米、1000~
2500 米和>2500 米四个海拔区间进行分级和重分类。将重分类后的人口密度
数据和高程数据进行叠置，分析人口密度随地形海拔的垂直分异特征（见表
4-14）。

表 4-14 不同海拔区间各级人口密度占比

人口密度占比（%）	低	中等	较高	高	极高
<500 米	25.44%	57.99%	15.14%	1.40%	0.02%
500~1000 米	62.28%	34.17%	2.39%	0.14%	0
1000~2500 米	83.44%	15.93%	0.61%	0	0
>2500 米	99.23%	0.709%	0.051%	0	0

结果显示，随着海拔的升高，人口密度的低值区域占比呈现逐渐增大的趋
势，中等值区域、较高值区域以及高值区域的占比则呈现与低值区域相反的态
势。人口密度的极高值区域只出现在海拔小于 500 米的区域，其他海拔区间均
没有分布。说明秦巴山区人口分布与高程海拔呈现明显的负相关，人口分布在
低海拔区聚集的特征明显，高海拔区人迹罕至。

（二）人口密度经纬度分布规律——样带尺度

样带分析研究结果表明：在 106°E 经线方向上，随着纬度的降低，人口密
度整体上呈现上升的趋势，至 31.5°N 的四川阆中地区海拔达到最低，而人口密
度达到最高（见图 4-34（a））。另一个人口密度高值区位于 32.4°N 的广元市
利州区，人口密度为 333 人/平方千米，高程为 862 米，相对较低。在 32.6°N~
34°N 的地区，海拔高程在 800~1200 米起伏，人口密度则相对平稳，说明人口
分布在同一接近高程分级内变化不大。在 109°E 经线方向上，人口密度和海拔
高程的变化曲线基本相反，其高、低值区位置基本对应（见图 4-34（b））。在
34.2°N~33.7°N 地区人口密度直线下降，出现下降的原因是随着纬度的降低，
人口密度从较大的长安区向秦岭山区过渡，人口出现断崖式下降，在地势较平
坦的安康汉滨区（32.7°N），人口密度又有所增大，此外 31.8°N 附近为高程最

高的城口、巫溪地区，其人口密度也降为最低的50人/平方千米。在32°N纬线方向上，在105°E~108.5°E的绝大多数区域，人口密度和海拔高程的趋势线均呈反向相关，即人口密度随着海拔高程的升高而降低，在108.5°E附近达到高程的最高值和人口密度的最低值（见图4-34（c））。在33°N纬线方向的海拔与人口密度趋势变化与其他区域基本一致，但在部分位置也存在同时上升或下降的现象，但连续度较短（见图4-34（d）），分析发现同时上升的位置一般为中心城市附近或高海拔平坦地区，适宜人类居住生活，同时下降的位置可能处于自然保护区内的山地峡谷地带，人类居住较少。

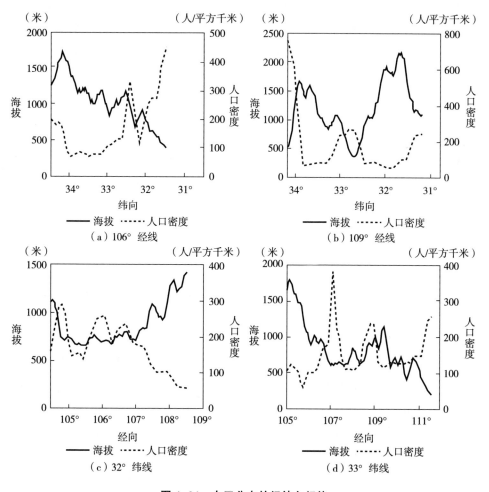

图4-34　人口分布的经纬向规律

(三) 经济密度垂直分异特征——像元尺度

与人口密度方法一样，将 1 千米×1 千米 GDP 密度（单位：元/平方千米）栅格数据按照自然间断法进行分级，规定 GDP 密度在 12~341 为低值区域，342~2316 为中等值区域，2317~7255 为较高值区域，7256~28328 为高值区域，人口密度值>28328 为极高值区域，对分级后的人口密度数据进行重分类；将 GDP 密度分类数据与高程数据分类数据进行叠置，分析 GDP 密度随地形海拔的垂直分异特征（见表 4-15）。结果显示，随着海拔的升高，GDP 密度的低值区域占比逐渐增大，中高值区域占比逐渐降低，GDP 密度的极高值区域只出现在小于500 米的低海拔区，其他海拔分区均未出现，这一现象表明经济发展随着人口分布，与高程海拔存在明显的负相关，即海拔越低，经济发展越好，反之经济发展越落后。

表 4-15　不同高程区间各级 GDP 密度占比

GDP 密度占比（%）	低	中等	较高	高	极高
<500 米	14.59%	77.07%	7.35%	0.91%	0.08%
500~1000 米	48.87%	49.54%	1.56%	0.03%	0
1000~2500 米	72.50%	26.87%	0.63%	0	0
>2500 米	99.40%	0.54%	0.06%	0	0

(四) 经济密度经纬度分布规律——样带尺度

采用同样的方法得到 GDP 密度的经纬度分布规律，结果显示：在 106°E 经线方向上，随着纬度的降低，GDP 密度整体上呈现上升的趋势，至 31.5°N 的四川阆中地区海拔达到最低，而人口密度达到最高（见图 4-35（a））。海拔高值出现在 34.2°N 的徽县附近，GDP 密度为最低的 250 万元/平方千米。在33.8°N~32°N 地区，海拔高程在 200~350 米起伏，GDP 密度则相对平稳，说明经济分布在同一接近高程分级内变化不大。在 109°E 经线方向上，除了34.2°N~34°N 和 32.7°N~32.4°N 的地区曲线变化符合海拔上升、GDP 密度下降的反向规律，其他位置 GDP 密度和海拔高程呈负相关的特征不太明显

（见图 4-35（b））。在 32°N 纬线方向上，海拔和 GDP 密度变化曲线呈现明显的反向相关，GDP 密度随着海拔高程的升高而降低，在 108.5°E 附近分别达到高程的最高值和 GDP 密度的最低值（见图 4-35（c））。经度 105°E ~ 107°E 的区域高程和 GDP 密度变化相对平稳，107°E ~ 108.5°E 变化幅度相对较大，GDP 密度最高值出现在 104.7°E 附近的江油市，而其海拔高程也是整个样带中最低的 700 米左右。在 33°N 方向的海拔与 GDP 密度的趋势变化也基本呈现负相关的特征，但在 108.5°E ~ 111°E 的区间也出现了 GDP 密度随着海拔同步下降的趋势特征（见图 4-35（d）），这主要是因为这一区域海拔开始降低，但从空间上看也逐渐远离中心城市和交通主干线，因此经济发展水平也随着区位变化开

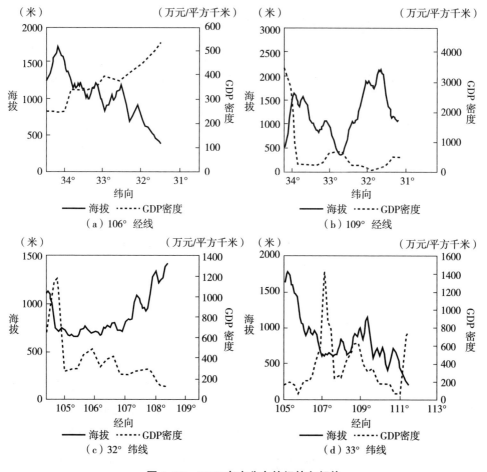

图 4-35　GDP 密度分布的经纬向规律

始降低。在这一样带海拔的最高值出现在 105.2°E 的武都区南部山区，而其 GDP 密度值为接近最低值的 200 万元/平方千米；此外，值得注意的是 GDP 密度的最高值出现在 107°E 的汉中市汉台区附近，这一区域的海拔并不是整个区域的高程最低值，但用地平坦、交通优势明显，说明高程并不是影响山区经济发展水平的唯一绝对因素，部分山间盆地区域尽管海拔相对高，但由于起伏度较低，仍然较为适宜经济要素的聚集。

二、人口—经济空间分布与地形相关性

(一) 像元尺度分布与地形相关性

采用 Intersect 工具将上节得到的冷热点分析结果与像元尺度的 DEM 高程、地形起伏度进行相交分析可以发现，人口密度、GDP 密度热点区域主要分布在海拔小于 500 米和 500~1000 米的区域以及起伏度小于 0.5 和 0.5~1 的区域，且随着高程和起伏度的增加而逐渐减少，大于 2500 米和起伏度大于 2 的区域几乎无热点区域；冷点区域主要分布在海拔在 1000~2500 米和>2500 米的区域以及起伏度为 1~2 和大于 2 的区域，海拔小于 500 米和起伏度小于 0.5 的地区冷点分布非常少；此外，海拔小于 500 米和起伏度小于 0.5 的地区人口密度、GDP 密度的最热区域面积远超次热区域和热点区域 (见图 4-36 (a)、图 4-36 (b)、图 4-36 (c)、图 4-36 (d))，这说明在该区域人口和经济分布的聚集特征最为明显。综上可知，秦巴山区人口、经济的热点空间主要集聚在海拔低于 500 米、起伏度小于 0.5 的平原、盆地和丘陵地区，冷点空间主要集聚在高海拔、高起伏的中高山区。

(二) 区县尺度空间分布与地形相关性

基于 ArcGIS 平台，将区县尺度的人口密度、GDP 密度以及地形起伏度、海拔高程进行空间配准并分析其相关性 (见图 4-37)。结果显示，人口和 GDP 密度与起伏度、高程均在 1% 的水平下显著相关，与地形起伏度的相关性拟合值 R^2 分别为 0.6619、0.6989，与高程的相关性拟合值 R^2 分别为 0.5512、0.5658，散点图的趋势分布显示，秦巴山区的人口—经济空间分布与起伏度、海拔高程呈负相关，其相关性表现出 GDP 密度>人口密度的特征，说明区县尺度经济发

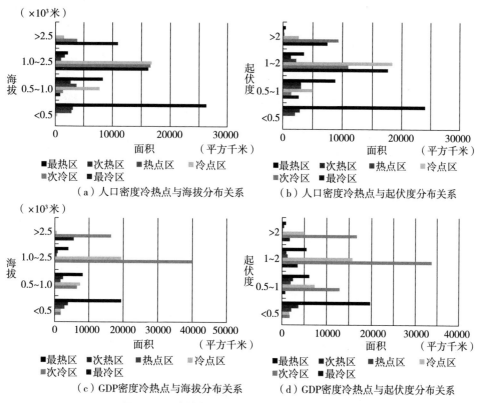

图4-36　冷热点探测与高程、起伏度分布关系

展水平对地形条件的依赖性更强，海拔越高，地形越复杂，山区产业经济就会受到越大限制；反之，海拔越低，地形越平坦，经济发展越能达到较高水平。人口分布取决于人类改造自然地形的能力，山区聚落尽管交通不便、经济落后，但对地形的适应能力较强，因此相关性相对较低。此外，两个要素与地形起伏度的相关性普遍高于其与海拔高程的相关性，主要由于高海拔地区仍然存在部分适宜人居的低起伏平坦区域，加上人类对高海拔的适应能力要高于对复杂地形的适应能力，因此，人类活动空间分布与海拔高程的相关性总体要低一些。

三、地形对人口—经济空间的影响机制

秦巴山区人口和经济的空间分布与地形特征高度相关，这主要是由于地形的垂直分异和起伏度的差异直接导致自然环境和区域发展条件的空间差异，并

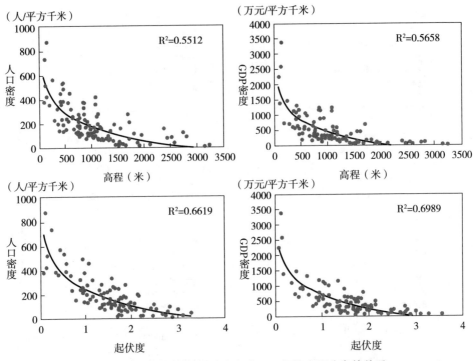

图4-37 地形起伏度、高程与人口、经济空间分布的关系

进一步影响人口、经济的空间分布。受地形影响，温度、气候、植物类型、自然灾害等都具有明显的随地形变化而分异的特征，[224]这种分异也成为影响人类活动聚集的重要因素。一方面，海拔越高，则温度越低、氧气含量越低、紫外线辐射越大，地形起伏度越大，地质越不稳定，越易于发生地质灾害，因此也越不适宜人类居住生活；反之海拔越低、起伏度越低区域的自然环境条件越适宜人类生活。同时，山区人口、经济空间分布与不同地形区域的土地生产力有关，低海拔、低起伏的地区通过土地平整改造为耕地的可能性相对较大，土地生产力也相对较大。有研究表明，秦巴山区的耕地比例随垂直基带向上呈指数关系迅速减少，[225]因此对于秦巴山区而言，人口往往聚集在低海拔、低起伏的秦岭北麓平原、汉江流域盆地和东部、南部丘陵地带。而高海拔、高起伏的地区往往气候恶劣、土地生产力低、生态也较为敏感，人口聚集较少，经济发展也因此较为落后。

另一方面，区域发展条件与地形海拔、起伏度紧密相关，受地形垂直分异的影响，以交通条件和建设条件为代表的区域发展因素也呈垂直分异状态并进一步影响人口和经济的空间格局。低海拔、低起伏的区域往往便于修筑公路、铁路，因此交通可达性和优势度相对较高，围绕交通干线的产业经济也易于发展，进而吸引人口进一步聚集。秦巴山区人口、经济空间与地区交通优势度之间具有明显的相关性（见表4-16），因此，人口、经济主要聚集在拥有陇海铁路、宝成铁路、连霍高速、十天高速、二广高速等多条交通干线的外围平原和山间盆地、丘陵地带，而高起伏、高海拔的米仓山、终南山、陇南山区、青藏高原边缘区等地区由于地形复杂，交通可达性差，因此人口和经济的空间分布也相对较少。此外，建设用地比重与高程、起伏度呈显著反相关，与人口、经济要素分布呈显著正相关，说明海拔低、起伏低的地区易于形成居住较多人口的建设区域，因此人类活动强度相对较大，经济要素的分布也越密集，反之则人口、经济要素分布较为稀疏（见表4-16）。值得注意的是，在地形影响下的区域发展条件对人口、经济空间的分布影响是双向作用过程，即交通优势度、建设用地占比的高低影响人口、经济空间分布，在此影响下的人口、经济空间分布特征又进一步改变区域发展的整体格局。

表4-16　人口—经济空间分布与区域发展条件的相关关系

		建设用地占国土面积比重	交通优势度
人口密度	Pearson 相关性	0.810**	0.511**
	显著性（双侧）	0.000	0.000
	N	119	119
GDP 密度	Pearson 相关性	0.740**	0.440**
	显著性（双侧）	0.000	0.000
	N	119	119
高程	Pearson 相关性	−0.390**	−0.537**
	显著性（双侧）	0.000	0.000
	N	119	119
起伏度	Pearson 相关性	−0.524**	−0.475**
	显著性（双侧）	0.000	0.000
	N	119	119

　　注：** 表示在1%的水平（双侧）上显著相关；交通优势度考虑交通设施网络密度和重大交通设施影响度两个方面的11项指标进行加权分析，建设用地比重数据由遥感影像数据提取获得，具体方法由于篇幅所限，不再赘述。

第六节　本章小结

选取作为我国生态价值高地和经济振兴发展重地的秦巴山区作为山区人地系统演化和格局研究的典型研究区。通过文献梳理、调研走访及统计资料数据分析，刻画了秦巴山区人地系统的演化特征和规律。可以得出以下结论：①秦巴山区的历史演化可分为三个阶段：远古时代至先秦时期人地关系主要以依附、汲取的单向关系为主，总体状态为和谐共生；春秋战国至明清时期则基本属于退化性蜕变；民国时期至今人地关系的关键词仍然是退化、矛盾、破坏，进入2000年以后开始有所改善。②21世纪以来，人地系统耦合协调度在2000~2010年持续下降，在2010~2015年开始稳步回升，且内部中高山区与外围丘陵平原交错区演化存在差异，协调度指数呈现外围高、内部低的空间格局。③演化驱动力分析发现，地均GDP、人均居住面积与耦合协调度强相关，工业废物综合利用率、建成区绿化覆盖率与耦合协调度弱相关。

通过对秦巴山区人地系统格局进行分析发现：①自然环境要素区域差异较大，且随地形变化的特征十分明显，空间上越临近地形复杂的山区腹地，水资源和生态资源越丰富，而土地资源越贫乏，地质灾害发生率越高；空间上越靠近外围平原或盆地的地区，地形越平缓，水资源和生态资源越贫乏，地质灾害越少，土地资源则相对丰富。②人口、经济发展在空间上呈现不均衡特征，人口、GDP密度冷热点探测也显示，空间集聚特征存在，整体呈现外围热、内部冷的空间格局；样带研究中发现人口、GDP密度在经纬度上的变化曲线与海拔变化曲线呈显著反向相关，人口、经济发展与地形海拔的高低值区分布正好相反。③将人口、经济空间分布特征与地形要素作相关性分析，发现人口、经济要素具有十分明显的垂直分异特征，且与地形高程、起伏度紧密相关，其中经济发展对地形条件的依赖性更强，人口分布对地形的适应性更强。

演化研究结果表明，秦巴山区经济发展的速度、均衡程度、资源利用效率决定着人地系统的协调演化状态，生态环境质量对人地系统演化有作用但需在保证地区高质量社会经济发展的基础上才更为有效，这说明山区人地系统演化在较大程度上取决于"人"的因素，同时与区域整体均衡状态密切相关，同时也受到发展政策的深刻影响。而在多个尺度、维度的空间格局研究中均发现人地要素与地形特征的强关联性，且巨大的地形高差使其呈现集聚度低于平原、垂直向分异更为剧烈的显著特征，因此在未来的空间优化对策中应予以重视和重点考虑。

第五章

秦巴山区人地系统的空间均衡分析

人地系统研究的核心就是探讨自然环境与人类活动的相互关系，人类活动需求是否适宜或超过环境供给支撑能力可以作为人地关系的评价标准。研究山区人地系统除了对其人地关系协调演化规律及空间格局分异特征进行分析，更需要在此基础上对当前人地关系的作用程度、供需匹配关系及空间效益均衡程度进行精准评估，为提出山区人地系统优化调控思路奠定基础。

基于此，本章在前文山区人地系统演化格局研究的基础上，以秦巴山区119个区县为研究对象，通过建构人地关系匹配均衡指标体系对秦巴山区的空间供给能力、空间需求强度、空间匹配均衡度特征进行评价，并进一步运用泰尔指数和均值偏离度分析方法对人地系统空间效益均衡程度进行分析，为后续开展山区人地系统的空间管控提供依据和前提。

第一节 人地关系匹配均衡评价

一、研究机理与指标体系

（一）研究机理

人地关系研究的核心就是探讨自然环境与人类活动的相互关系，人类活动需求是否适宜或超过环境供给支撑能力可以作为人地关系的评价标准。如果用经济学理论中的"供"与"需"替代人地关系中的"地"与"人"，可以较为直观地理解、理性地确定人地关系的量化状态。以"人"为核心的开发需求方可以用经济社会活动的开发总量或开发强度代表，但由于人类活动不断发展，需求强度可能随着需求的增加或资源利用方式的集约而增大或缩小，因此开发需求方的数量也可能包括未来一段时间内的增长预测量，需求反映的是人类社会发展对自然环境的攫取诉求，是承压方；支撑供给方主要包括土地资源、水资源、矿产资源、生物资源、气候条件等长期固定、不可移动的区域性要素以及资本、技术、劳动力、文化习惯和制度政策等短期可变、可移动的非区域性要素，更多的是代表自然环境对未来长期发展的限制或约束，是受压方；两者的供需匹配程度可作为人地关系均衡或失衡的判定标准。

此外，判断人地关系是否匹配均衡必须与空间概念紧密联系，供需匹配关系应限定在一定空间地域范围内，反映的是一个时间截面上的空间资源配置状态，因此需要明确评价单元边界，考虑到山区地形特征和政策实施操作性，一般以区县作为评价单元。另外，不同地貌区的人地关系对外部变化反应的敏感程度和在人类活动干扰下遭受的损失程度有所差异，因此对山区空间匹配均衡状态的判定和空间管控策略需结合其主体功能、承载能力特征综合确定，不可一概而论。

（二）指标体系与模型

采用空间匹配均衡度用以评价空间供给能力和空间需求强度之间的相互匹配关系。在参考相关文献的基础上，依据科学性、层次性和可操作性原则，构建评价指标体系（见表5-1）。其中，空间供给能力（SA）代表资源和环境对于维持地区可持续开发的保障程度，用资源保障指数（RG）、交通支撑指数（TS）、生态约束指数（EC）、环境承载指数（EB）代表，空间需求强度（DI）代表人类经济活动的强度、广度以及对资源环境的占用程度，用人口强度指数（PI）、经济强度指数（EI）、土地强度指数（LI）表示。

资源保障指数反映开发建设中土地、水资源的数量和质量，主要用人均土地资源和人均水资源可利用量表示；交通支撑指数反映地区交通区位的优劣和交通条件的质量，采用公路网密度、铁路网密度和交通区位优势度来表示。生态约束指数主要反映一个地区的生态重要程度、敏感程度和生态服务能力，采用生态重要性、生态资产价值、森林植被覆盖程度等指标来反映；环境承载指数主要是地区环境容量、承载能力和灾害影响程度的综合体现，其中灾害影响程度主要以地质灾害险度、险情、灾度和地质灾害分布点等特征表达，环境容量采用 NO_2 排放量予以表达。人口强度指数用人口密度和城镇化率表达，其中人口密度突出人口发展数量，城镇化率突出人口发展质量；经济强度指数用人均 GDP 和地均 GDP 代表；土地强度指数反映目前地区对土地资源的利用程度，采用建设用地占国土面积的比重表达。

表 5-1　供需匹配视角下空间均衡度评价指标体系

分析层	解释因子层	指标层	指标方向
空间供给能力（SA）	资源保障指数（RG）	人均可利用土地资源量	+
		人均可利用水资源量	+
	交通支撑指数（TS）	公路网密度	+
		铁路网密度	+
		区位优势度	+
	生态约束指数（EC）	生态重要性	+
		生态资产价值	+
		森林植被覆盖程度	+
	环境承载指数（EB）	NO_2 排放量	－
		地质灾害影响程度	－
空间需求强度（DI）	人口强度指数（PI）	人口密度	+
		城镇化率	+
	经济强度指数（EI）	人均 GDP	+
		地均 GDP	+
	土地强度指数（LI）	建设用地占国土面积比重	+

在确定的指标层因子中，正向相关指标共 13 项，分别是：人均可利用土地资源量、人均可利用水资源量、公路网密度、铁路网密度、区位优势度、生态重要性、生态资产价值、森林植被覆盖程度、人口密度、城镇化率、人均 GDP、地均 GDP、建设用地占国土面积比重；负向相关指标 2 项，为 NO_2 排放量、地质灾害影响程度。将各项指标数据进行标准化处理，以增强指标数据的可比性，

数据处理计算公式为：

$$正向指标：X_{ij} = \frac{x_{ij} - \min(x_j)}{\max(x_j) - \min(x_j)} \tag{5-1}$$

$$负向指标：X_{ij} = \frac{\max(x_j) - x_{ij}}{\max(x_j) - \min(x_j)} \tag{5-2}$$

式（5-1）、式（5-2）中：x_{ij} 表示研究范围内第 i 个地区第 j 项评价指标的数值（i=1，2，…，n；j=1，2，…，m），$\min(x_j)$ 为所有地区中第 j 项评价指标的最小值，$\max(x_j)$ 为所有地区中第 j 项评价指标的最大值。

通过算术平均法和几何平均法计算解释层的因子指数，公式为：

$$S_n = \frac{1}{2}\left(\frac{x_1 + x_2 + \cdots + x_n}{n} + \sqrt[n]{x_1 \times x_2 \times \cdots \times x_n}\right) \tag{5-3}$$

其中，S_n 为解释因子层各个指数，x_n 为指标层的若干指标，n 为指标个数。

空间匹配均衡模型主要是以空间供给能力和空间需求强度的协调关系衡量一个地区的人地关系发展状态。借鉴相关文献成果，[179,180,226,227] 综合考虑秦巴山区现实情况，分别采用算术平均法、几何平均法和对数函数进行组合形成两种模型方案，分别计算出空间供给能力指数（SA）和空间需求强度指数（DI）。

方案一对供给能力的引导要素采用指数函数，对约束要素采用对数函数构建计量模型，需求强度采用几何平均法计算，公式为：

$$SA = e^{\sqrt{RG^2 + TS^2}} + \left|\lg\sqrt{EC^2 + EB^2}\right| \tag{5-4}$$

$$DI = \sqrt{PI \times EI \times LI} \tag{5-5}$$

方案二综合算数平均法和几何平均法构建供给能力和需求强度的计算模型，公式为：

$$SA' = \frac{1}{2}\left(\frac{RG + TS + EC + EB}{4} + \sqrt[4]{RG \times TS \times EC \times EB}\right) \tag{5-6}$$

$$DI' = \frac{1}{2}\left(\frac{PI + EI + LI}{3} + \sqrt[3]{PI \times EI \times LI}\right) \tag{5-7}$$

式中，SA 和 SA′ 分别为两种方法计算的空间供给能力指数，DI 和 DI′ 分别为两种方法计算的空间需求强度指数，RG、TS、EC、EB、PI、EI、LI 依次为资源保障指数、交通支撑指数、生态约束指数、环境承载指数、人口强度指数、经济强度指数、土地强度指数，是代表空间供给能力和空间需求强度的解释因子。

综合两方案结果，采用空间供给能力指数与空间需求强度指数的比值计算空间匹配均衡度（DS），采用聚类分析法判断地区的空间均衡状态。

$$DS = \frac{DI + DI'}{SA + SA'} \tag{5-8}$$

(三) 空间供给能力

资源保障指数中的土地资源和水资源是地区发展最为依赖和难以替代的资源。评价结果显示，资源保障指数的空间分布呈现中部高、外围低的格局，其中资源保障能力较高的区县主要位于汉江、嘉陵江流域上游的区县以及甘肃山区、神农架林区和丹江口周边的区县，大部分指数大于 0.1，而秦岭北麓、东麓和巴山南麓的地区总体资源相对缺乏，部分区县不足 0.03（见图 5-1（a））。这主要是由于汉江、嘉陵江是重要的生态水源涵养区，这一地区的水资源在整个区域中都较为丰富，而位于汉江下游的湖北区县、秦岭东麓的河南区县以及重庆山区由于水资源量一般且人口相对较多，因此人均水资源丰富程度不及上游地区。土地资源的情况是，尽管外围地区地势平坦，可供利用的土地资源相对较多，但由于开发利用程度较高、人口密度较大，人均土地资源的占有量也相对较低，导致整个资源保障指数较内部地区相对较低。

从生态约束指数情况来看，生态重要性较高、森林植被覆盖情况较高的太白山林区、神农架林区、大巴山西部山区以及伏牛山地区的区县生态情况最好，生态价值最大，也成为生态约束指数的高值区，生态约束指数大于 0.6，而甘肃偏北地区、四川北部地区、河南南阳地区、洛阳北部地区、湖北襄阳地区由于主要为丘陵山区，森林植被覆盖情况相对一般，因此处于生态约束指数的低值区，指数普遍小于 0.36，秦岭北麓、汉中盆地、安康盆地区域多以平原地形为主，因此生态约束指数处于中间，大多为 0.36~0.5（见图 5-1（b）），另外生态保护要求高、生态敏感性强的自然保护区集中区域，也大多为生态约束指数较高的地区。

交通支撑指数主要由公路网密度、铁路网密度和交通区位优势度三个方面决定。一般情况下，交通支撑指数与地形复杂程度呈负相关，地形越平坦、起伏度越低，则交通支撑条件越好，地形海拔越高、起伏度越大的复杂山区，交通支撑条件一般也越差。评价结果显示，交通支撑指数较高的区域主要位于国省及主干道、高速公路及铁路经过的地区，包括陇海铁路、连霍高速沿线的秦岭北麓区县，十天高速、阳安铁路、襄渝铁路沿线的区县，以及京昆高速、西成铁路沿线的陕西、四川区县。另外河南、湖北靠近中部平原地区的区县，拥有或邻近多条交通干线，交通支撑条件总体较高，指数大于0.23；甘肃陇南、重庆北部、湖北北部地区由于地形起伏度较大，因此，总体交通支撑指数较低，大多低于0.025（见图5-1（c））。

秦巴山区环境承载指数较高的地区主要为地质灾害影响程度较小、环境污染程度相对较小的陕西汉江沿线，以及重庆北部、徽成盆地、四川巴中、湖北襄阳等地区，大部分地区环境承载指数大于0.63；环境承载指数较低的区域主要位于地质灾害影响程度较大或环境污染程度较高的陇南、川西北、豫东和神农架地区的区县；另外两当、略阳、佛坪、旬阳等零星区县环境承载指数也较低，小于0.2（见图5-1（d））。

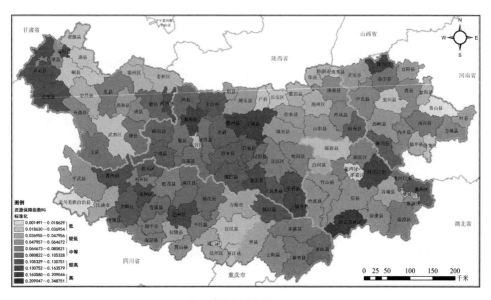

（a）资源保障指数（RG）

图5-1 空间供给能力分项评价

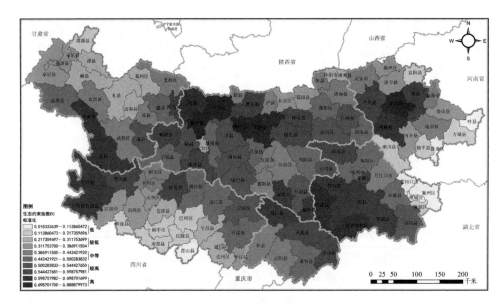

（b）生态约束指数（EC）

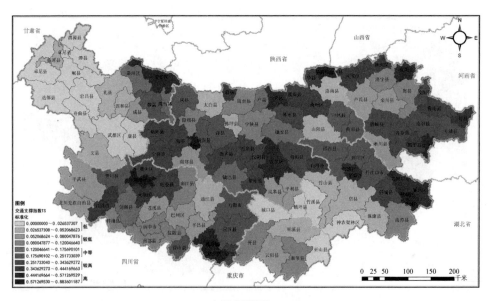

（c）交通支撑指数（TS）

图 5-1 空间供给能力分项评价（续）

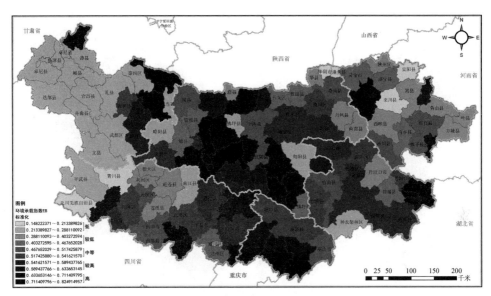

（d）环境承载指数（EB）

图5-1 空间供给能力分项评价（续）

注：各解释因子层指数由指标层各指标平均综合计算而得。

综合来看，供给能力在空间上呈现北高南低、中心高于外围的特征（见图5-2）。高值区主要出现在秦岭南北两麓，汉江、嘉陵江沿线以及四川、河南部分区县，供给能力指数大多处于0.72~1.16。这一地区高等级交通干线密集，水资源相对丰富，因此供给能力相对较高，其中地级市的中心城区及周边区县的供给能力最高；供给能力低值区主要位于与青藏高原接壤的甘肃地区、四川巴中地区以及河南西部、重庆北部的部分县市，供给能力指数大多小于0.6，其中甘肃地区主要是因为交通条件差，高海拔、高起伏的地形造成水土资源相对有限，尽管生态条件相对较好，但仍处于低供给能力区域；其他地区则由于生态资源条件一般，且人口较多，供给优势不明显。

（四）空间需求强度

经济强度指数呈现东高西低、北高南低的空间格局。高值区主要为秦岭北麓、东麓、汉中盆地、襄阳等地区的区县，指数大多大于0.13；中值区主要为地形相对平坦开阔的地级市行政中心所在地或周边地区，如天水的秦州区、麦积区，汉中的勉县、洋县、南郑县，安康的汉滨区、石泉县、汉阴县、旬阳县、

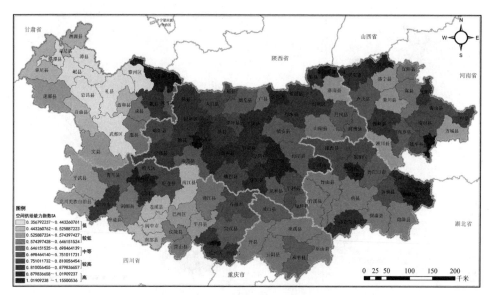

图 5-2　空间供给能力分布

白河县、平利县，商洛的商州区、丹凤县，襄阳的南漳县、保康县，以及南充的阆中市、南部县，另外河南丘陵山区县部分区县也为中值区，经济强度较低的区县主要位于陇南和巴山南麓，经济强度指数大多不足 0.025（见图 5-3（a））。

秦巴山区的人口强度总体不高，人口强度指数空间分布与经济强度分布相似，但在中部有所差异，总体指数有外围高、内部低的空间特征。秦巴山区北部、东部和南部丘陵区以及秦岭北麓部分区县人口强度指数相对较高，大部分区县在 0.24 以上，最高值主要出现在各地级市行政中心所在区，包括达州市通川区、襄阳市樊城区、十堰市茅箭区、襄阳市襄城区、南阳市卧龙区等，人口强度指数分别为 0.71、0.64、0.51、0.45 和 0.43，分别为平均值（0.16）的4.4 倍、4.0 倍、3.2 倍、2.8 倍和 2.7 倍，人口强度指数较高的县主要有宝鸡的眉县、渭南的潼关县和南阳的镇平县等。人口的低值区主要为甘肃、陕西和四川的区县，人口强度指数低于 0.07（见图 5-3（b））。

土地强度指数主要代表的是人类活动对土地资源开发的规模和深度，通常以建设用地占国土面积的比重表达。秦巴山区土地强度平均值为 0.15，相对我国其他地区总体较低，其中强度指数高值区主要位于平原、缓坡地形占比较高的秦岭北麓区县，秦岭东麓的河南、湖北区县，以及四川北部丘陵区的四川、重庆区县，另外汉中盆地地形相对平坦开阔，因此土地强度也相对较大；除此以外，甘肃陇南、定西的不少区县虽然海拔较高，但由于坡度相对较缓，土地强度也相对较高。土地强度低值区主要位于陕西南部的区县，强度指数普遍在0.01以下（见图5-3（c））。

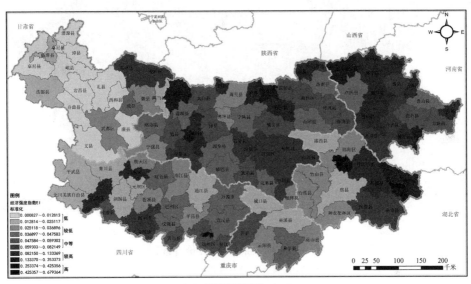

（a）经济强度指数（EI）

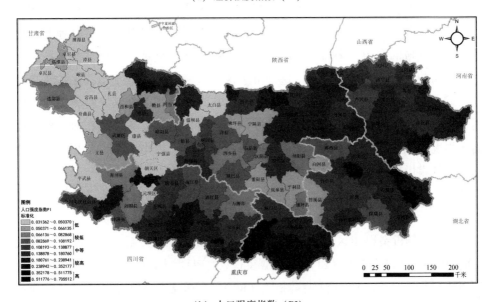

（b）人口强度指数（PI）

图5-3　需求强度分项评价

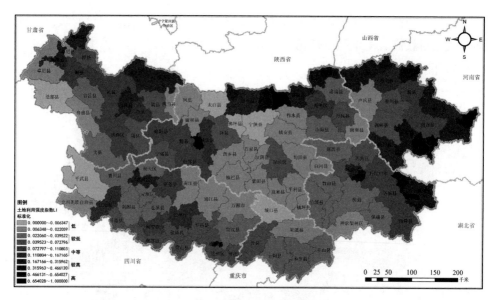

（c）土地强度指数（LI）

图 5-3　需求强度分项评价（续）

注：各解释因子层指数由指标层各指标平均综合计算而得。

　　综合来看，秦巴山区的空间需求强度整体不高，呈东高西低、外围高于中心的状态（见图 5-4）。高值区主要位于秦岭北麓、东麓以及四川盆地北部区县，汉江流域的汉中、十堰、襄阳等地级市中心地区呈现高强度开发特征，需求强度指数大多位于 0.2 以上。这是由于这些区域地势相对平坦，区位优势突出，靠近多个国家中心城市，受关中平原、长江中游等多个国家级城镇群的辐射影响，人口、经济在这一区域集聚度高，同时土地开发势头也相对迅猛；而需求强度较低的区域主要都位于地形复杂的秦岭、大巴山中部以及与青藏高原接壤的甘肃山区，指数均位于 0.14 以下。

（五）相互关系与影响机制

　　为深入剖析秦巴山区人地系统供需两端的相互影响关系，用空间需求强度（DI）中的经济强度指数（EI）、人口强度指数（PI）、土地强度指数（LI）分别与空间供给能力（SA）中的资源保障指数（RG）、交通支撑指数（TS）、生态约束指数（EC）、环境承载指数（EB）建构回归模型，通过回归系数分析其相互关系。

　　由于在 SPSS 平台的 OLS 模型在分析因子相关性及删选影响因素方面具有

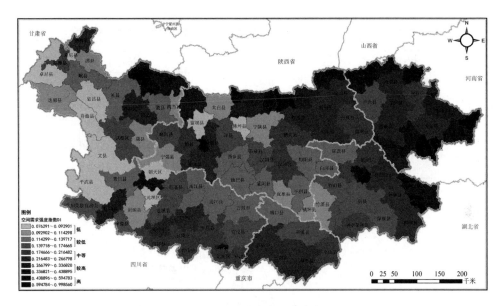

图5-4 空间需求强度分布

优势，而 GWR 模型在优化回归模型的拟合度方面具有优势，同时也能分析同一解释因子在不同区域对因变量的影响作用大小，因此，结合 OLS 和 GWR 两种方法建构空间需求强度和空间供给能力的回归模型，OLS 重点筛选影响因子，GWR 重点分析解释因子作用的空间差异。

1. 经济强度分布的影响机制

在 SPSS 平台采用 OLS 对经济强度指数与供给能力各因子做回归分析，自变量的确定采用向后删减法，发现交通支撑和环境承载因子在 0.05 的置信水平下是显著的，可进入最终回归模型。回归模型可通过 Sig. 小于 0.05 的显著性要求，但回归拟合度 R^2 为 0.466，接近但未超过 0.5 的较高水平（见表 5-2），因此继续采用 GWR 对该回归模型进行优化，同样将交通支撑和环境承载两项指标代入模型，核函数选用自适应法，带宽选择最小信息准则法，新的 GWR 模型结果发现回归拟合度 R^2 提高到 0.744，说明回归模型有了较大程度优化（见表 5-2）。回归标准残差的空间自相关显示，Moran's I（莫兰指数）为 -0.0981，说明空间相关性对回归结果产生了影响，因此采用 GWR 模型结果解释其相关性更加可靠（见图 5-5）。

表 5-2 经济强度 OLS 与 GWR 模型参数比对

	OLS	GWR
R^2	0.466	0.744
调整后的 R^2	0.457	0.659
F	50.564	—
Sig.	0.000	—
AICc	—	−315.386
Sigma	—	0.056674

注：OLS 为最小二乘法回归模型，GWR 为地理加权回归模型（自适应法）；因变量为经济强度，自变量为交通支撑指数、环境承载指数。

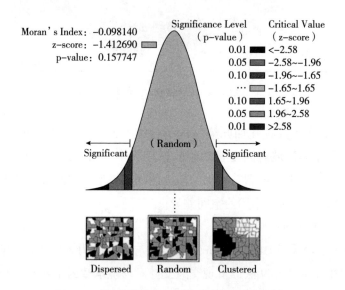

图 5-5 经济强度 GWR 模型的标准残差分布

经济强度相关性 GWR 回归结果显示，交通支撑和环境承载是经济强度指数的核心影响因子，均值系数分别为 0.275 和 0.044（见表 5-3）。这表明秦巴山区经济强度的空间分布显著受到交通条件、环境承载优劣的影响。受地形影响，秦巴山区交通条件差异较大，交通条件越好，越能加快资源、人才的流动，经济发展水平也越高；而地形复杂的高山地区，由于交通可达性差，技术、人才要素不能较快传递到这些地区，资源也无法快速转化为经济效益，因此经济发展也较为落后。环境承载能力是经济能否持续发展的重要条件。环境承载能力越高，则经济持续发展的动力越强劲，转化成的经济效益也越大，而环境承载能力越低，则经济发展受到的制约和阻力也越大，经济强度也会受到一定限制。从影响系数来看，交通条件的影响程度是环境承载的 6.25 倍，表明现阶段影响秦巴山区经济发展水平高低的核心因素仍然是交通条件，远高于其他因素产生的影响，主要因为秦巴山区大多区县还处在经济发展的初级或中级阶段，交通对经济的带动作用明显，环境和生态的约束作用还未显现。

表 5-3　经济强度 OLS 与 GWR 模型影响因子参数比对

	OLS				GWR	
	B	Std Error	t	Sig.	Average Coefficient	Average Std Error
常量	−0.032	0.021	−1.527	0.130		
交通支撑指数	0.315	0.032	9.745	0.000	0.275	0.072
环境承载指数	0.078	0.039	2.005	0.047	0.044	0.089

注：OLS 为最小二乘法回归模型，GWR 为地理加权回归模型（自适应法）；因变量为经济强度，自变量为交通支撑指数、环境承载指数。

由于不同的解释变量在不同区域的影响程度不同，GWR 最具优势的是分析各自变量对因变量解释能力的空间差异，因此采用 GWR 分析交通支撑因子和环境承载因子对经济强度的影响及其空间作用差异。经济强度解释变量回归系数的空间分布（见图 5-6（a））表明：交通支撑对经济强度解释能力东高西低，系数高值区在东部区域显著集聚，湖北大部分区县及河南、重庆、陕西的部分区县显著受到交通条件的影响，而甘肃、川西、豫北和陕西的安康部分区县经济强度对交通条件的敏感程度相对较低。回归系数解释力空间分异说明交通条件在提升地区经济发展方面存在空间差异，从空间上来看，影响程度较高的区域主要位于西安—武汉、西安—重庆和西安—成都的经济走廊之上，这是由于交通条件是三条经济走廊的重要支撑，因此影响程度相对敏感，而神农架林区周边区县处于经济区的边缘地带，交通主干线路较少，因此交通条件落后对经济发展落后的影响也较为显著。

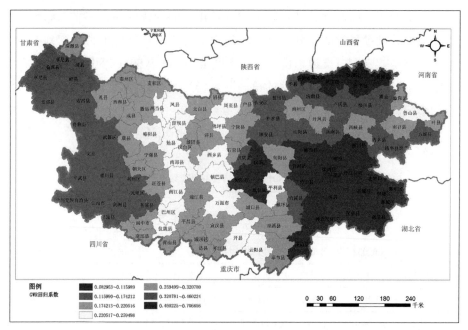

（a）交通支撑因子

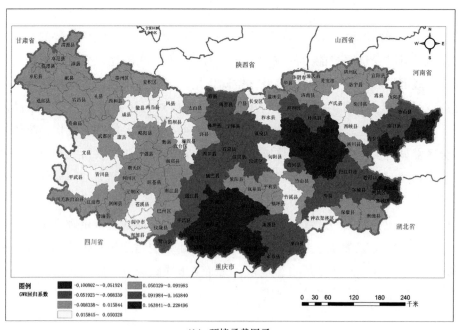

（b）环境承载因子

图5-6　经济强度解释变量回归系数空间分布

环境承载对经济强度解释能力的空间差异呈东部高、西部低的特征（见图5-6（b））。环境承载显著影响经济强度的地区主要包括商洛、南阳、十堰、襄阳、达州、安康等地区，影响作用不敏感的区域主要为天水、定西、广元、汉中等地区，影响因素的集聚特征不明显。在显著影响的区域中，达州、安康及周边区县为负相关。对比环境承载指数、经济强度指数以及环境承载因子可以发现，解释力高值区大多位于环境承载力和经济强度同为低值的区域，说明较低的环境承载力从较大程度上限制了区域经济的发展，使两者高度相关。而解释力低值区往往出现在环境承载力和经济强度高低不匹配的地区，说明这些区域的经济发展受环境承载限制的作用不突出，或者经济发展在现阶段可突破环境承载的限制。

2. 人口强度分布的影响机制

同样对人口强度指数与供给能力各因子做 OLS 回归分析，筛选出的影响因子为资源保障指数和交通支撑指数，回归模型通过 Sig. 小于 0.05 的显著性要求，但回归拟合度 R^2 为 0.477，接近但未超过 0.5 的较高水平（见表5-4），同上采用 GWR 法对回归模型进行优化，使拟合度 R^2 提高至 0.691，表明回归模型有了较大程度优化，回归标准残差 Moran's I 指数为 -0.2109，结果可以采信（见图5-7）。

表5-4　人口强度 OLS 与 GWR 模型参数比对

	OLS	GWR
R^2	0.477	0.691
调整后的 R^2	0.468	0.628
F	52.962	—
Sig.	0.000	—
AICc	—	−273.451
Sigma	—	0.07048

注：OLS 为最小二乘法回归模型，GWR 为地理加权回归模型（自适应法）；因变量为人口强度，自变量为资源保障指数、交通支撑指数。

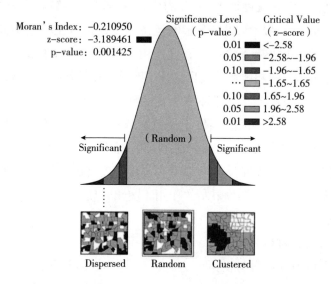

图 5-7　人口强度 GWR 模型的标准残差分布

　　人口强度 GWR 回归模型结果显示，秦巴山区人口强度空间分布显著受到资源保障和交通支撑的影响，影响均值系数分别为-0.456 和 0.242（见表 5-5），其中资源保障指数与人口强度指数呈高度负相关，这是由于资源保障中的人均可利用土地量和人均水资源量与人口规模密切相关。资源保障指数越高，说明单位人口拥有的资源数量越多，或者说等量资源可共享的人口越少。对比秦巴山区的资源保障指数和人口强度指数分布可以看出，处在外围的秦岭北麓、东麓小秦岭以及巴山南麓丘陵区人口强度较高，但这些区域同时也是水资源的相对低值区，尽管各区县土地资源总量相对较高，但在较高的人口规模下，人均水资源和土地资源都相对较低，因此资源保障指数也相对较低；相反，秦巴山区内部腹地的区域由于拥有较为丰富的水资源，同时由于地形限制，人口规模较少，人均的资源拥有量反而较多，因此人口强度与资源保障指数呈显著负相关。人口强度与交通条件呈显著相关，说明好的交通条件是促使人口聚集的重要因素，交通条件越好，一般情况下也意味着经济发展条件越好，越能吸引人口居住生活，同样，交通条件不畅在较大程度上阻碍了人口进入或者促使人口外流。从参数对比来看，资源保障指数和交通支撑指数对人口强度的影响存在正反差异，影响程度前者是后者的 1.88 倍。

表 5-5　人口强度 OLS 与 GWR 模型影响因子参数比对

	OLS				GWR	
	B	Std Error	t	Sig.	Average Coefficient	Average Std Error
常量	0.117	0.018	6.543	0.000		
资源保障指数	−0.389	0.128	−3.043	0.003	−0.456	0.247
交通支撑指数	0.341	0.040	8.588	0.000	0.242	0.074

注：OLS 为最小二乘法回归模型，GWR 为地理加权回归模型（自适应法）；因变量为经济强度，自变量为资源保障指数、交通支撑指数。

　　人口强度解释变量回归系数的空间分布表明：资源保障对人口强度的解释程度为中部高、东西低，中部靠南区域的相关性最高，西部靠南区域的相关性最低（见图 5-8（a））。最南端的广元、巴中和达州影响程度最高，回归系数高于−1.0，说明这一区域是整体秦巴山区人口密度最高但资源拥有量最少的区域，从资源角度来看也是人地矛盾最为突出的区域；另外陕南靠近关中平原地区也是人口强度高而资源拥有程度较低的区域，从实际来看，这两个区域是成渝经济区、关天经济区的重要辐射区域，人口和经济发展相对较高，但资源量将是这一区域发展重要的制约因素。回归系数低值区主要位于湖北省各区县，说明这一区域资源相对丰富，从资源的角度而言，人地矛盾相对较为缓和。

　　交通支撑条件对人口强度的影响呈现东南高、西北低的格局（见图 5-8（b））。高值区出现在湖北、河南和重庆的区县，在襄阳、十堰、南阳等地区显著集聚；影响程度较低的区域主要分布在汉中、安康和商洛等地区。回归系数解释空间分异同样也说明交通条件在提升地区人口强度方面具有空间差异。与我国整体格局一样，东南外围地区是交通便利、用地相对平坦的地区，人口强度也相对较大，而且呈现交通越便利，人口越聚集的马太效应特征。而中部陕南地区尽管近年来交通条件提升较多，但由于地形和土地资源的限制，人口强度总体不高，同时由于这一区域临近全国中心城市西安，西安较强的引力作用使这一区域人口呈现外流趋势，交通条件的提升反而在更大程度上促进了人口的外流，因此交通条件与人口强度的相关性并不明显。

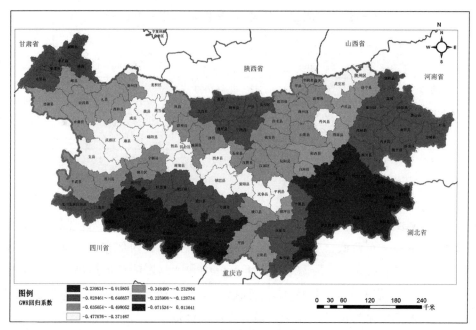

（a）资源保障因子

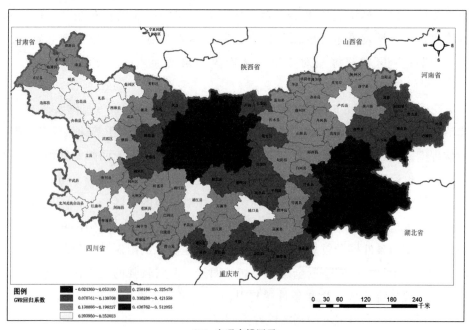

（b）交通支撑因子

图5-8　人口强度解释变量回归系数空间分布

3. 土地强度分布的影响机制

土地强度也是反映人类活动需求强度的重要指标。将土地强度与秦巴山区供给能力各因子做 OLS 回归分析，发现生态约束指数和交通支撑指数对土地强度显著相关。经过优化后的模型拟合度 R^2 达到 0.835（见表 5-6）。对模型的标准残差进行空间自相关分析，Moran's I 指数为 -0.0698，呈正太分布特征，且随机特征明显（见图 5-9）。

表 5-6　土地强度 OLS 与 GWR 模型参数比对

	OLS	GWR
R^2	0.581	0.835
调整后的 R^2	0.573	0.777
F	80.283	—
Sig.	0.000	—
AICc	—	-167.348
Sigma	—	0.105

注：OLS 为最小二乘法回归模型，GWR 为地理加权回归模型（自适应法）；因变量为人口强度指数，自变量为生态约束指数、交通支撑指数。

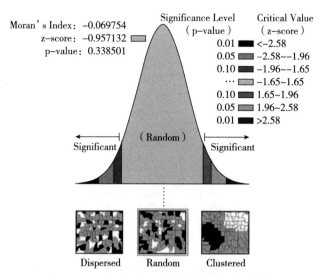

图 5-9　土地强度 GWR 模型的标准残差分布

土地强度相关性 GWR 回归结果显示，显著影响秦巴山区土地强度的核心因子为生态约束条件和交通支撑条件，其中生态约束与土地强度呈显著负相关，交通条件与土地强度呈显著正相关，均值相关系数分别为-0.406 和 0.425（见表5-7）。回归结果表明，生态越敏感、越重要的区域，建设用地占比越低，土地建设强度越低，这说明生态条件是土地开发建设的重要制约条件。秦巴山区是我国重要的生态涵养区和生物多样性保护区域，各级自然保护区众多，是我国主体功能区中的限制开发区域，因此土地开发强度相对较低。同时由于大多生态重要区域都是地形较为复杂的高山地区，气候恶劣，人迹罕至，不宜居住生活和城市建设，因此人类土地开发较少涉及。与土地强度相关性较大的另一个重要因子是交通支撑条件，且模型回归系数较高，说明当前阶段秦巴山区交通条件带动城市建设发展的特征十分明显。若一个区域交通条件越高，则在经济发展和人口聚集影响下的城镇建设用地增长幅度越大，速度越快，所以土地强度指数也越高。反之，区域交通条件越差，则经济活力越低，土地开发建设的需求和强度指数也越低。综合两项分析结果可以发现，秦巴山区土地强度等受到生态约束和交通带动两方面的作用力，交通条件是正向拉动，生态约束是逆向限制，且拉动和限制的作用同样强烈（影响系数几乎一致），因此在未来的土地开发建设过程中，既要考虑经济发展的需求，同样不能忽视生态保护的核心诉求。

表5-7　土地强度 OLS 与 GWR 模型影响因子参数比对

	OLS				GWR	
	B	Std Error	t	Sig.	Average Coefficient	Average Std Error
常量	0.202	0.050	4.054	0.000		
生态约束指数	-0.381	0.078	-4.881	0.000	-0.406	0.200
交通支撑指数	0.598	0.074	8.081	0.000	0.425	0.172

注：OLS 为最小二乘法回归模型，GWR 为地理加权回归模型（自适应法）；因变量为经济强度指数，自变量为生态约束指数、交通支撑指数。

土地强度解释变量回归系数的空间分布表明：生态约束对土地强度的影响程度在空间上较为分散，但大体存在东北高、西南低的特征（见图5-10（a）），其中陕西、甘肃靠近关中平原部分区县，以及河南、湖北靠近豫中平原的区县是负相关的高值区，回归系数为 -1.3448 ~ -0.4871，白河县、竹山县、竹溪县是正相关的高值区，回归系数为 0.2120 ~ 0.7460，但范围较小。四川、甘肃、重庆大部分地区处于影响程度的低值区，回归系数为 -0.4871 ~ 0.2120。对比土地强度指数和生态约束指数的空间分布来看，影响系数高值区大多位于土地强度较大的秦岭北麓和东麓小秦岭地区；影响系数低值区位于四川广元、达州和重庆部分区县，土地强度受生态约束不明显；甘肃的土地强度较大，但与生态约束条件未紧密相关，主要是因为该地区经济落后导致土地粗放式利用，生态约束对土地建设的限制作用不明显。

交通支撑因子与土地强度的空间作用强度分布呈东南高、西北低的格局，大部分区域呈紧密相关状态，回归系数的绝对值 |AC|>0.2 （见图 5-10（b））。解释力高值区主要处于南阳、洛阳、十堰、襄阳、达州和重庆的部分区县，这说明同交通条件影响经济强度、人口强度一样，这些地区的交通在拉动经济增长、人口集聚的同时带动了土地的开发建设，使这一区域的城镇建设高度依赖于交通设施的建设。解释力低值区仍然出现在地形复杂、海拔较高的甘肃陇南、四川西部和陕西南部区县，说明这一区域土地开发建设对交通条件的依赖程度相对较低。此外，土地开发的负值区主要出现在陕西的户县、长安区、镇安县、宁陕县，出现负值的原因主要是虽然交通条件较好，但部分地区地形复杂，使其无法实现较高强度的土地开发。

二、空间匹配均衡度特征

采用空间供需匹配模型，计算得到全域 119 个区县的空间匹配均衡度结果（见表 5-8），可以发现，秦巴山区空间匹配均衡程度总体较低，且分布极不平衡，总体呈现中部低、外围高的格局（见图 5-11、表 5-8）。指数最低的区域主要分布在中部的秦岭、大巴山腹地及西部的陇南山区，匹配均衡度大多低于0.2；均衡程度一般的区县包括南部丘陵区的四川巴中、广元地区，重庆开县、云阳地区以及陕西商洛、湖北十堰地区，均衡度大多处于 0.2 ~ 0.5；均衡程度较高的区县主要位于秦巴山区的外围边缘区，尤其是与关中平原、豫东平原临近的秦巴北麓、东麓地区，均衡指数最高，大多大于 0.6。

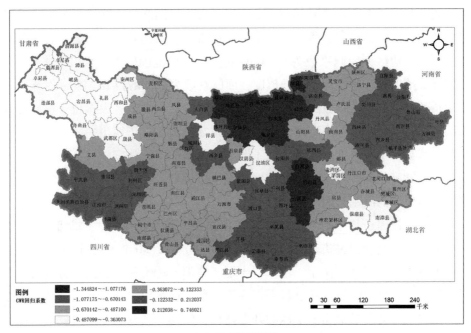

图例
GWR回归系数

- -1.344824~-1.077176
- -1.077175~-0.670143
- -0.670142~-0.487100
- -0.487099~-0.363073
- -0.363072~-0.122333
- -0.122332~0.212037
- 0.212038~0.746021

（a）生态约束因子

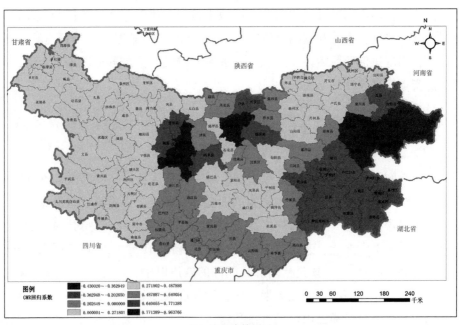

图例
GWR回归系数

- -0.430020~-0.362949
- -0.362948~-0.202650
- -0.202649~0.000000
- 0.000001~0.271801
- 0.271802~0.487886
- 0.487887~0.640054
- 0.640055~0.771388
- 0.771389~0.963766

（b）交通支撑因子

图 5-10　土地强度解释变量回归系数空间分布

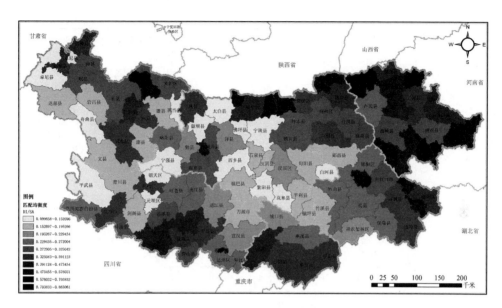

图 5-11　空间匹配均衡度指数

表 5-8　空间匹配均衡度指数

所属省份	地区	空间供给能力指数	空间需求强度指数	空间均衡度
陕西省	紫阳县	0.8586	0.1169	0.1361
	周至县	0.7007	0.2882	0.4113
	镇坪县	0.6678	0.1087	0.1627
	镇巴县	0.7464	0.1280	0.1715
	镇安县	0.7240	0.2042	0.2821
	长安区	0.8364	0.6935	0.8292
	柞水县	0.8103	0.2531	0.3123
	洋县	0.8073	0.1619	0.2005
	旬阳县	0.7038	0.1273	0.1809
	西乡县	0.8882	0.1198	0.1349
	潼关县	0.8646	0.3582	0.4143
	太白县	0.7793	0.0956	0.1227
	石泉县	0.8707	0.1478	0.1698

所属省份	地区	空间供给能力指数	空间需求强度指数	空间均衡度
	商州区	0.8347	0.2319	0.2778
	商南县	0.7016	0.2112	0.3010
	山阳县	0.6189	0.2273	0.3673
	平利县	0.7317	0.1209	0.1652
	宁陕县	0.8988	0.0988	0.1099
	宁强县	0.8010	0.1068	0.1333
	南郑县	0.7111	0.2207	0.3104
	勉县	0.7891	0.1806	0.2289
	眉县	0.7283	0.4714	0.6473
	略阳县	0.7384	0.1712	0.2319
	洛南县	0.5899	0.2225	0.3772
	留坝县	0.8324	0.0915	0.1100
陕西省	蓝田县	0.7931	0.2977	0.3754
	岚皋县	0.6891	0.1035	0.1502
	华阴市	0.9022	0.4389	0.4865
	华县	0.7499	0.3646	0.4861
	户县	0.6387	0.4922	0.7707
	汉阴县	0.7756	0.1433	0.1848
	汉台区	1.1044	0.5948	0.5385
	汉滨区	0.9429	0.1912	0.2028
	佛坪县	0.7622	0.0889	0.1167
	凤县	0.7869	0.2902	0.3688
	丹凤县	0.7045	0.1980	0.2810
	城固县	0.8234	0.2472	0.3003
	白河县	0.8397	0.1242	0.1479

续表

所属省份	地区	空间供给能力指数	空间需求强度指数	空间均衡度
甘肃省	卓尼县	0.5721	0.0789	0.1379
	舟曲县	0.5490	0.0794	0.1447
	漳县	0.3931	0.1085	0.2759
	西和县	0.5337	0.2208	0.4136
	武都区	0.4654	0.1681	0.3611
	文县	0.5907	0.0905	0.1532
	渭源县	0.5159	0.1818	0.3524
	秦州区	0.5356	0.3521	0.6573
	岷县	0.4211	0.1239	0.2942
	麦积区	0.9745	0.3058	0.3138
	临潭县	0.4925	0.1747	0.3547
	两当县	0.7136	0.1022	0.1432
	礼县	0.4600	0.1351	0.2937
	康县	0.6696	0.1061	0.1585
	徽县	0.8275	0.1270	0.1535
	迭部县	0.6008	0.0975	0.1623
	宕昌县	0.4576	0.0763	0.1667
	成县	0.6158	0.2352	0.3820
河南省	镇平县	0.7601	0.6537	0.8601
	宜阳县	0.6141	0.3941	0.6419
	叶县	0.7823	0.6575	0.8404
	淅川县	0.5622	0.3033	0.5396
	西峡县	0.7839	0.2478	0.3162
	卧龙区	1.0620	0.7607	0.7163
	嵩县	0.6133	0.2114	0.3447
	陕州区	0.8631	0.3368	0.3903
	汝阳县	0.7579	0.3219	0.4247

续表

所属省份	地区	空间供给能力指数	空间需求强度指数	空间均衡度
河南省	内乡县	0.6982	0.3566	0.5107
	南召县	0.7161	0.2266	0.3164
	洛宁县	0.5671	0.2409	0.4249
	栾川县	0.5646	0.2335	0.4135
	鲁山县	0.7217	0.3292	0.4562
	卢氏县	0.6747	0.1670	0.2475
	灵宝市	0.7923	0.3824	0.4826
	方城县	0.5522	0.3850	0.6972
湖北省	竹溪县	0.6333	0.1084	0.1712
	竹山县	0.6305	0.1620	0.2569
	张湾区	0.9809	0.5617	0.5726
	郧阳区	0.7328	0.1932	0.2636
	郧西县	0.7324	0.1219	0.1664
	襄州区	0.9896	0.4671	0.4720
	襄城区	1.0306	0.6471	0.6279
	神农架林区	0.8203	0.1809	0.2206
	南漳县	0.6725	0.2240	0.3331
	茅箭区	0.9327	0.6658	0.7139
	老河口市	0.8800	0.5913	0.6719
	谷城县	0.7492	0.2515	0.3357
	房县	0.6423	0.1533	0.2386
	樊城区	1.1570	0.9986	0.8631
	丹江口市	0.7407	0.2388	0.3224
	保康县	0.6364	0.1625	0.2554
四川省	梓潼县	0.5621	0.1690	0.3007
	元坝区	0.8095	0.0807	0.0997
	营山县	0.6422	0.1969	0.3067

续表

所属省份	地区	空间供给能力指数	空间需求强度指数	空间均衡度
四川省	仪陇县	0.5985	0.2150	0.3592
	宣汉县	0.6782	0.1489	0.2195
	旺苍县	0.7423	0.1718	0.2314
	万源市	0.7502	0.1205	0.1606
	通江县	0.6241	0.1235	0.1979
	通川区	1.1140	0.7817	0.7017
	青川县	0.7133	0.1163	0.1631
	平武县	0.5875	0.0794	0.1351
	平昌县	0.5389	0.1920	0.3563
	南江县	0.5256	0.1310	0.2492
	南部县	0.5202	0.2165	0.4161
	利州区	0.9920	0.3870	0.3901
	阆中市	0.5170	0.2328	0.4503
	开江县	0.7999	0.2015	0.2520
	江油市	0.8434	0.2825	0.3350
	剑阁县	0.6525	0.1143	0.1752
	达州区	0.7822	0.2031	0.2597
	朝天区	0.7434	0.0929	0.1250
	苍溪县	0.4758	0.1495	0.3141
	北川羌族自治县	0.5645	0.1533	0.2716
	巴州区	0.5554	0.2520	0.4538
重庆市	云阳县	0.6433	0.2390	0.3716
	巫溪县	0.6215	0.1627	0.2617
	巫山县	0.6066	0.2005	0.3305
	开县	0.6406	0.2668	0.4165
	奉节县	0.6573	0.2221	0.3378
	城口县	0.6686	0.1397	0.2090

根据 K-means 聚类算法，将空间匹配均衡度（DS）按等级大小分为 5 类，当 DS<0.30 时，表示该区域处于开发不足状态；当 DS 处于 0.30~0.37 时，表示该区域处于开发较不足的状态；当 DS 处于 0.37~0.57 时，表示该区域处于均衡开发状态；当 DS 处于 0.57~0.77 时，表示该区域处于开发较过度的状态；当 DS>0.77 时，表示该区域处于开发过度状态（见表 5-9）。分析结果显示，5 类区县所占比例分别为 47.1%、20.2%、20.2%、8.4% 和 4.2%，说明秦巴山区人地关系失衡的区县占比较高，均衡与失衡的区县数量比为 2：8（见图 5-12）。

表 5-9 空间均衡指数及人地关系状态分级

均衡度指数	数量	包含地区	数量占比（%）	开发情况	人地关系状态
<0.30	56	元坝区、宁陕县、留坝县、佛坪县、太白县、朝天区、宁强县、西乡县、平武县、紫阳县、卓尼县、两当县、舟曲县、白河县、岚皋县、文县、徽县、康县、万源市、迭部县、镇坪县、青川县、平利县、郧西县、宕昌县、石泉县、竹溪县、镇巴县、剑阁县、旬阳县、汉阴县、通江县、洋县、汉滨区、城口县、宣汉县、神农架林区、勉县、旺苍县、略阳县、房县、卢氏县、南江县、开江县、保康县、竹山县、达州区、巫溪县、郧阳区、北川羌族自治县、漳县、商州区、丹凤县、镇安县、礼县、岷县	47.1	开发不足	失衡
0.30~0.37	24	城固县、梓潼县、商南县、营山县、南郑县、柞水县、麦积区、苍溪县、西峡县、南召县、丹江口市、巫山县、南漳县、江油市、谷城县、奉节县、嵩县、渭源县、临潭县、平昌县、仪陇县、武都区、山阳县、凤县	20.2	开发较不足	
0.37~0.57	24	云阳县、蓝田县、洛南县、成县、利州区、陕州区、周至县、栾川县、西和县、潼关县、南部县、开县、汝阳县、洛宁县、阆中市、巴州区、鲁山县、襄州区、灵宝市、华县、华阴市、内乡县、汉台区、淅川县	20.2	均衡开发	均衡

续表

均衡度 指数	数量	包含地区	数量占 比（%）	开发 情况	人地关系 状态
0.57~0.77	10	张湾区、襄城区、宜阳县、眉县、秦州区、老河口市、方城县、通川区、茅箭区、卧龙区	8.4	开发较 过度	失衡
>0.77	5	户县、长安区、叶县、镇平县、樊城区	4.2	开发 过度	

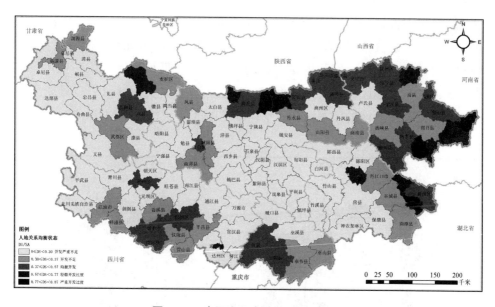

图5-12　秦巴山区人地关系均衡状态

第二节　人地系统效益均衡评价

一、总体效益评价

生态资产价值是生态系统生物资源直接价值以及生态服务功能价值的综合，

一般包括隐形的生态系统服务功能价值和有形的自然资源直接价值。生态资产价值评价主要是根据不同类型土地形成的生态系统的平均价格，在结合汇率、NDVI、DEM 等数据综合调整的基础上确定地区的生态系统生产总值（GEP），用以衡量地区的生态环境质量和生产资产的分布态势，可作为评价地区生态效益的主要指标，与 GDP 相对应。

依据中国环境科学研究院的秦巴山脉生态价值评估与保护发展战略研究的相关成果，秦巴山区 2017 年生态系统生产总值（GEP）为 5953.63 亿元，约为 GDP 总量的 32.4%，单位面积产出是全国的 1.71 倍。通过 ArcGIS 的分区统计功能对秦巴山区区县行政单元生态价值进行统计并制作空间分布图，可以发现，生态资产高值区主要位于秦岭南麓、大巴山北麓、小秦岭地区、神农架林区以及秦巴山区与青藏高原的接壤地带，低值区主要位于四川、河南、湖北的丘陵地区以及甘肃的渭源、漳县等地区（见图 5-13）。处于生态资产价值中高值地区的区县面积占整体秦巴山区的 68.36%（见表 5-10）。

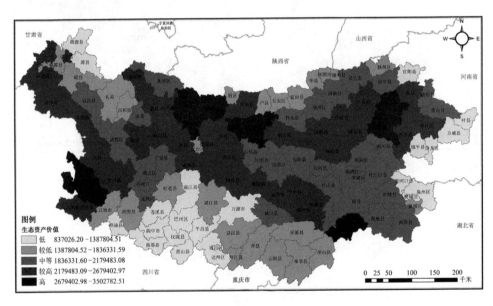

图 5-13　秦巴山区县级生态资产价值评价统计

注：数据来源于中国环境科学研究院秦巴山脉生态价值评估与保护发展战略研究课题组。

表5-10　秦巴山区县级生态资产价值评价统计

生态资产价值（万元）	区县	个数	总面积所占比重（%）
生态资产价值高（≥2650000、<3502783）	太白县、留坝县、宁陕县、凤县、佛坪县、平武县、神农架林区、西峡县、栾川县、卢氏县	10	10.28
生态资产价值较高（≥2170000、<2650000）	岚皋县、镇坪县、略阳县、丹凤县、周至县、南郑县、商南县、洋县、城固县、勉县、平利县、镇巴县、西乡县、山阳县、镇安县、紫阳县、文县、迭部县、康县、两当县、舟曲县、徽县、卓尼县、秦州区、麦积区、青川县、北川羌族自治县、郧西县、竹溪县、嵩县、南召县、内乡县	32	31.18
生态资产价值中等（≥1830000、<2170000）	旬阳县、宁强县、汉阴县、汉滨区、石泉县、柞水县、商州区、白河县、洛南县、武都区、成县、宕昌县、元坝区、利州区、朝天区、通江县、城口县、南漳县、保康县、竹山县、房县、郧阳区、茅箭区、张湾区、丹江口市、谷城县、鲁山县、汝阳县、灵宝市、淅川县、洛宁县	31	26.90
生态资产价值较低（≥1380000、<1830000）	眉县、户县、蓝田县、华县、汉台区、潼关县、长安区、华阴市、临潭县、西和县、礼县、岷县、旺苍县、开江县、剑阁县、宣汉县、江油市、万源市、云阳县、开县、巫山县、奉节县、巫溪县、襄城区、陕州区	25	19.11
生态资产价值低（≥837000、<1380000）	漳县、渭源县、镇平县、宜阳县、叶县、方城县、卧龙区、樊城区、老河口市、襄州区、南江县、达州区、梓潼县、通川区、苍溪县、南部县、平昌县、阆中市、巴州区、仪陇县、营山县	21	12.53

对比秦巴山区的 GDP 和 GEP 两项数据与全国数据的比例关系可以发现，秦巴山区 GDP 总量占全国总量的 2.26%，GEP 总量占全国总量的 5.38%，即说明秦巴山区总体存在生态效益与经济效益不匹配的问题，生态高地、经济洼地的特征十分明显。从两项指标人均水平（人均经济效益、人均生态效益）的空间分布来看，外围地区总体水平不高，内部地区相对较高（见图5-14）。人

均 GEP 的高值地区主要位于迭部县、太白县、留坝县、宁陕县、佛坪县、镇坪县、卓尼县、神农架林区等地，人均 GDP 的高值地区主要包括十堰市张湾区、茅箭区、襄阳市襄州区、襄城区、樊城区、谷城县、老河口市、凤县、灵宝市等地区。另外，各区县的人均 GDP 和 GEP 的差距都比较明显。

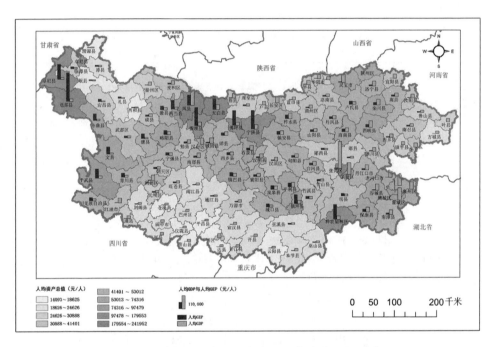

图 5-14　秦巴山区各区县人均 GDP 与人均 GEP 分布

二、空间效益均衡度特征

由于每个地区地形地貌、发展条件和功能定位不尽相同，因此在生态财富和物质财富的产出上也存在明显差异。有的地区交通区位条件好，用地平坦，易于组织产业经济发展，因此生产的物质财富较多，对地区发展的贡献也以经济效益为主；有的地区用地、交通条件差，经济水平相对较低，但产出的生态财富较多，对地区贡献主要体现在生态效益方面，今后也仍然以贡献生态财富为主。一直以来，学术界均认为生态财富与物质财富可以相互转化，是地区财富总量的两个重要方面，经济发展水平低的区域可以通过更好的生态环境状态提高其综合发展水平，生活在经济发展水平高的地区也会因环境质量不佳导致其综合发展水平并不比其他地区更高。[182]在生态文明建设背景之下，地区发展的效益评价不能仅以产出的经济效益作为唯一衡量标准，包括了地区生态效益在内的综合效益高低才应是地区发展水平更为准确的判断依据，地区发展均衡的重要标志就是区域内各个地区或空间单元的人均综合效益（经济效益+生态效益）基本一致。因此，在对秦巴山区人地系统进行优化调控时需对地区空间效益的均衡发展程度进行评价，以采取针对性的管控措施。

分别用泰尔指数和均值偏离度分析综合效益的总体均衡程度及各地区与秦巴山区平均值之间的关系，其中泰尔指数的计算公式为：

$$T = \sum_{i=1}^{n} T_i \ln(nT_i) \tag{5-9}$$

式中，T 表示泰尔指数，T_i 表示各区县人均综合效益与秦巴山区均值的比值。泰尔指数大于 0，值越大说明各地区发展差距越大；反之，则越小。[228]偏离度为各区县效益和效益平均值的差值，与秦巴山区效益平均值的比例，用以表示各区县人均综合效益的大小偏离秦巴山区平均效益的程度，正值为高于总体平均水平，负值为低于总体平均水平。

经计算，秦巴山区人均综合效益的泰尔指数为 0.24，说明从秦巴山区来看，全域空间效益分布不够均衡。从偏离度分布情况来看，大部分地区人均综合效益水平低于秦巴山区平均水平（见图 5-15）。其中四川、重庆北部及甘肃东北部地区人均效益水平最低，平昌县、渭源县、仪陇县、西和县、营山县为低向偏离度最高的五个区县，偏离度分别为 - 0.7293、- 0.7202、- 0.7022、- 0.7017和- 0.6818；而中西部山区与邻近江汉平原的湖北地区人均综合效益大多超过秦巴山区的平均水平，其中处于陇南山区、秦岭南麓的区县综合效益较高主要是因为地区生态价值高，但人口较少。湖北襄阳、十堰及河南部分区县综合效益较高主要是由于地区经济发达，GDP 总量处于秦巴山区领先位置。在高值区中，迭部县、凤县、太白县、张湾区、宁陕县为高向偏离度最高的五个区县，偏离度分别为 3.6482、3.1639、3.0790、3.0409 和 2.4494（见图 5-15）。

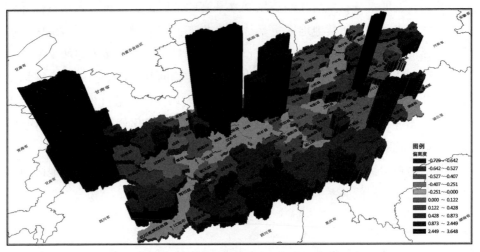

图 5-15　秦巴山区各区县人均综合效益偏离度分布

第三节　本章小结

本章以第四章人地系统格局演化为基础，深入分析了秦巴山区人地要素在空间上的供需匹配程度和效益均衡状态，对山区人地矛盾、资源配置错位和空间效益不够均衡的原因进行解析，为后续提出空间管控措施，构建综合效益空间均衡的新型山区人地系统奠定基础。得到以下主要结论：

（1）秦巴山区存在明显的供给能力与需求强度的空间错位，供给能力中部高而外围低，中部地区人口少、资源丰富、生态价值较高，处于供给能力的高值区，外围地区生态资源条件一般、人口众多、可持续供给能力低；需求强度则基本与之相反，中部地区地形复杂、建设适宜性差，需求强度小，外围地区开发势头迅猛，需求强度普遍高于中部地区。

（2）借助 OLS 模型和 GWR 模型分析发现：秦巴山区人—地供需两端存在显著的相互作用关系。其中经济强度受到交通条件、环境承载的显著影响；人口强度与生态约束呈显著负相关，与交通条件相关性较大；影响土地强度的核心要素为生态约束和交通支撑条件，其中生态约束为负相关；此外，供给能力对需求强度的作用存在明显的空间差异。

（3）秦巴山区空间匹配均衡程度总体较低，且分布极不平衡，总体呈现中部高、外围低的格局。通过聚类分析和均衡状态分级发现，开发不足的空间失衡地区主要位于中部山区腹地，开发过度的空间失衡地区主要位于外围平原或丘陵山地，均衡状态的区县主要位于前两者之间的地区，均衡与失衡的区县数量比为2∶8。

（4）空间效益评价结果显示秦巴山区总体存在生态效益与经济效益不匹配的问题，生态高地、经济洼地的特征十分明显；秦巴山区空间效益分布不够均衡，其中四川、重庆北部及甘肃东北部地区人均效益水平较低，中西部的山区与邻近江汉平原的湖北地区人均综合效益较高。

山区特殊的地形地貌特征导致其很难通过市场机制自由有效地提高同一地区人地供需两端的资源配置效率，而资源禀赋和发展条件的差异也使不同地区的经济发展或者生态环境质量难以达到同一均衡水平，因此需要通过有效的空间区划辅以针对性的管控措施，对地区人地系统发展状态施加影响，以实现秦巴山区的整体均衡发展。未来空间管控和区划导向应该是区域社会经济发展和自然资源环境在全域内的均衡与协调，既包含不同地区的区际间效益均衡，也包含同一地区的区域内资源配置均衡。针对区域内供给能力和开发状态不匹配的问题，可按照其开发状态和人地两端资源配置的均衡状态进行空间区划，开发不足地区强化经济发展的强度和质量，过度开发地区应进行一定程度的疏解和卸载，并通过保护环境、节约资源等途径提升其供给承载能力。值得注意的是，由于山地特殊的生态区位和在国家生态安全格局中的重要作用，对开发不足地区不可一味强调加强开发，需根据生态保护要求制定适宜的空间管控对策。针对区际间效益不均衡的问题，可以其主体功能侧重和效益最大化为原则进行空间区划，经济效益保障地区主要以提供工业品和服务产品为主，促进产业经济的进一步增长和人口的集聚，生态效益保障地区主要以提供生态产品为主，强化生态保护的强度和力度，引导开发和人口向区外转移；同时在空间区划上也可以包括一部分效益兼顾型地区。

第六章
秦巴山区人地系统空间管控研究

特殊的地形地貌、区位特征和发展基础造就了山区不同于其他地区特殊的演化规律和空间格局，而其人地系统的空间不均衡特征也进一步成为制约区域协调发展的主要因素，而且这一问题由于山地地形的阻隔使其很难通过市场机制得以解决，需要借助空间治理、资源调控和政策保障解决其广泛的空间资源低效配置问题。空间管控的目标在于有效改善自然环境和人类活动的协调程度、优化山区资源空间配置、提升区域发展均衡水平，为地区制定管理对策指明方向。

本章基于秦巴山区人地系统演化规律、空间格局和空间均衡状态评价，建构适合不同地区差异化、针对性的空间管控模式，并据此明确划定管控单元，提出针对性的规划策略和政策保障措施，为秦巴山区人地系统的优化调控提供参考。

第一节　空间管控思路

在生态文明建设理念的指导之下，以秦巴山区人地系统演化、格局分析和均衡状态评价为基础，创新空间管控单元模式，系统确定总体及各单元的发展策略与路径，引导地区形成功能清晰、发展导向明确、开发秩序规范，人口、资源与环境互相协调，综合效益空间均衡的地区空间开发新格局，构建高效、协调、可持续的新型山区人地系统。

主要思路为以遵循长时间序列自然适宜性发展规律，以优化人地系统空间结构为愿景，瞄准区域内空间供需匹配和区际间综合效益均衡两大核心目标，根据秦巴山区各区域地形地貌特征、资源环境承载能力、人口经济分布及强度特征，在人口、经济及生态价值指标平衡测算和空间均衡综合评价基础上划定类型多样的管控单元，按照生态保障、经济保障、效益双增、效益转移四种差异化的模式进行人地系统的综合管控。单元划定时重点依据地形地貌特征、空间供需关系，以保障相邻相近地区发展目标、策略一致，并将空间均衡状态作为因区施策的核心考量因素，同时对各单元提出规划引导策略和政策保障建议。

第二节　空间管控依据

一、人地系统演化规律

山区复杂的地形地貌及脆弱性特征导致其优化调控必须以区域人地系统的演化规律作为主要依据，通过科学判断演化趋势和驱动因素，采取有效的管控措施来促进经济健康持续发展、资源永续利用和山区人地系统动态平衡和谐共生。通过第四章人地系统的演化研究可以发现，21 世纪以来，秦巴山区人地系统耦合协调程度不断下降，尽管近年来有所提升，但情况仍旧不够乐观。制约其人地系统演化耦合的主要因素是经济发展速度、质量、均衡程度以及资源利用的效率，部分地区也存在生态破坏、开发超载的情况，换句话说就是在保障生态效益的前提下如何提升人类活动的效率和质量将直接决定其未来发展演化的趋势。因此，针对这一问题，秦巴山区未来空间管控的主要方向是通过经济结构调整、技术创新以及低扰动、高效率的规划引导和政策措施使山区的开发建设活动在环境承载阈值内有质量、大幅度提升，具体手段包括推动区域产业经济协同发展、促进山区产业经济绿色高效智能化、推行特色化农林畜药产业集群模式、提升特色农林产业和生态文化旅游业附加值、优化土地利用结构、创新山区人居环境建设模式、打造快速便捷交通网络等。

二、人地系统基本格局

秦巴山区地形地貌复杂，生态类型多样，资源禀赋迥异，人地系统在水平方向和垂直方向上具有明显分异，自然资源和人口经济随地形起伏而变化的特征十分明显，生态环境资源多处于脆弱的中部山区腹地，人口经济则大多集聚在外围交通和建设条件较好的丘陵、平原交错区。因此，空间管控首先要考虑相同地貌、相邻相近地形区域发展目标和策略的一致性，尽可能遵循地形地貌的分异规律进行活动建设的空间安排，将相邻相近的地形区域归入同一单元，根据其自然属性确定其主要功能和发展建设导向。从第四章人地系统水平格局、垂直格局特征来看，中部复杂地形山区腹地生态敏感且功能重要，外围低山平原区和中部汉中、安康、成徽盆地等地区人口、经济相对密集，因此未来空间管控应依据空间格局强化不同地形区发展策略的差异性。同时由于局部生态脆弱的山区腹地人口密度较大、强度较高，与山区人地系统适应地形地貌的规律不符，造成了人地矛盾突出和地区经济贫困的问题，针对这部分地区空间管控的措施应该是尽可能地疏解人口和开发建设强度，确保人地要素空间格局相适应。

三、人地系统空间均衡

单元化空间管控的核心指导思想是空间均衡理论，即按照"扬长避短、因地制宜、因区施策"的原则，根据各个地区的发展基础、发展条件及各自优势提出针对性的管控措施，引导人口和经济在空间上合理分布、发挥主导效益，从而实现空间结构、总体布局和资源配置的优化。秦巴山区中部山区腹地区县尽管空间供给较高，但由于生态价值较高、环境脆弱，发展需求有限，因此未来更多应以保障生态效益、疏解人类活动强度为主；处在外围的均衡开发区县，空间承载力高，未来的管控目标主要以提升发展质量、优化空间效益为主；空间位于中部和外围之间开发不足的欠均衡发展区县，未来应在生态保护的前提下加强地方经济发展，适当吸纳人口和建设，实现生态效益和经济效益的双向增长；而外围已严重过度开发区县的空间管控策略则更多体现为疏解人口与建设强度，将经济效益转化为对其他地区的生态补偿，实现人口、资源和环境的均衡协调。

第三节 空间管控模式

根据前文的研究，为使秦巴山区长期可持续发展，人地系统格局与环境相适宜，同时在空间上保障全域的综合效益均衡，可按照不同地区的自然地形、生态功能、人口经济发展格局特征及空间效益均衡评价进行差异化的空间区划和单元管控，生态效益保障地区要以提供生态产品为主，经济发展优势地区以提供工业品和服务产品为主，开发不足的地区在兼顾生态效益的同时适度提高建设强度，开发过载地区进行空间疏解和效益转移，因此可按照生态保障型、经济保障型、效益双增型和效益转移型四种类型模式对秦巴山区进行空间管控。

一、生态保障单元

（一）基本内涵与特征

生态保障单元指地形复杂、生态脆弱、生态功能重要，但适于土地开发和交通设施建设的条件较差，人口稀少且分散，建设强度很难大规模提升，且高强度的开发建设对生态环境破坏较大的地区，未来以提供生态产品为核心功能，通过进一步保护生态环境、疏解压力从而全面保障秦巴山区生态安全和生态效益。

主要包括秦岭和大巴山腹地的主要地区，大部分位于秦岭南麓、巴山北麓、陇南山区。该类型地区往往山高路远、地形复杂，生态价值大、生态敏感性高，在生态安全格局中处于重要位置，生态产品供给能力明显强于其他地区。该区域国家级自然保护区众多，是支撑秦巴山区成为全国生态主体功能区的核心地区，生态效益明显优于经济效益。由于地形条件限制，此类区域适于土地开发和交通设施建设的条件较差，高强度的开发建设对生态环境破坏较大且很难快速恢复。此外，该区域也存在明显的交通不便和经济发展动能不足等问题，地形破碎造成的地质不稳定、水土流失也是其饱受自然灾害侵袭的主要原因。因此，此类地区应将增强生态产品生产能力、降低人类活动压力作为首要任务，策略上通过水土保持、多样性维护、水源涵养、退耕还林等手段提升生态资产价值,保障生态效益;通过创新生态空间管制方式,构建生态安全廊道以保障生态空间建设;通过引导全域循环的绿色产业体系、整理国土空间资源和疏解人口、土地建设强度降低对生态的干扰。

(二)策略与路径

1. 强化生态保护,建设国家公园,构建自然保护地体系

秦巴山区生态价值较大,资源丰富,但目前生态保护面临的威胁仍旧较大。从管控上来看,尽管有自然保护区、森林公园、风景名胜区等生态空间管制区,但由于多头管理和交叉区划等问题,在资源保护、管理、执法和评估方面漏洞十分明显。由于各部门对生态保护及利用的目标、手段和管控视角不一,难免出现行政利益冲突、管控效率低下等问题。不少地区或成为众多部门关心的"宝地",或因其转化经济价值的程度不同,成为无人问津的"弃地",过度开发和重复开发并存。[229]对于生态保障单元而言,需要创新生态保护模式。可借鉴欧美国家的经验,通过国家公园建设并出台法律法规,厘清各类保护区的空间关系,系统构建以国家公园为主体的自然保护地体系,并进行自然保护地体系管控体制机制的创新。

(1)划定生态保护红线、构建区域生态廊道与保护地网络。启用最高级别的生态保护力度,对接国际标准,通过划定生态保护红线,系统整合现有各级别保护地系统,形成维护区域生态安全格局的绿色基础设施,将生态作为推动区域绿色发展的动力与引擎。注重自然保护地网络的系统性、整体性、协同性,在原有点状分布的保护地之间构建大尺度绿色廊道或跨界保护区生态网络来加强生物多样性保护,以减轻保护地的"孤岛效应",同时增强不同保护地之间的连接性,提升系统整体的生态功能。在手段上,通过识别生态重要性和生态敏感性要素,确定生态保护的核心保护范围和一般保护范围,制定保护规则和要求;针对现有自然保护地不连续或与建设空间存在矛盾的问题,通过新增面状或带状的动物迁徙廊道和植物物种保育廊道,构建网络化的自然保护地体系,在保护地范围内严格禁止开发建设,限制人类活动。

(2)深入推进国家公园试点,实施最严格的生态保护战略。2013年,《中共中央关于全面深化改革若干重大问题的决定》中正式提出建立国家公园体制,这是党中央关于国土空间功能使用和自然文化遗产保护管控思路的重大举措。
2015年1月国家发展和改革委员会、环境保护部等13部委联合发布了《建立
国家公园体制试点方案》,[229]秦巴山区范围有大熊猫国家公园纳入国家试点范
围。在此基础上应积极探索伏牛山、神农架等区域的国家公园试点建设。对于
生态保障单元内涉及国家公园试点范围的区域,要严格落实国家环境影响评价、
承载力指标体系、最佳容量控制等要求,合理进行游客容量测算和游客流量动
态监测。将国家公园范围内不符合生态保护要求的设施、工矿企业逐步搬离,
设立矿业权逐步退出机制。[230]未来国家公园的规划应限制增量,逐步实现从粗
放型向集约型、从外延型向内涵型的转变。

（3）积极开展坡耕地退耕还林、水污染防治、水资源保护和矿山修复工
程。秦巴山区不同区域存在的25°以上坡耕地种植仍然是造成水土流失、荒漠化
和生态空间破碎的重要原因,不少地区的陡坡耕种问题还比较普遍;此外,尽
管秦巴山区水资源丰沛,是我国重要的水源涵养地和南水北调工程的核心区水
源地,但水资源污染问题仍旧形势严峻。为进一步提高区域生态价值,有效保
证整体生态效应,该区域需进一步实施退耕还林工程,对25°以上坡地坚决退
耕,在基本农田用地中将其核减,调整区域农业产业结构,并通过红线管控方
式推进整体林地比例的提升。以丹江口库区及其上游地区为重点,加大公益林
建设力度,深入推进水土保持综合治理,减少水土流失面积,提高水源涵养能
力。实施水资源、水环境的保护和提升策略,积极落实《水污染防治行动计
划》,通过水质监测、污染防治和水资源合理调配的方式实现全域水体生态价值
的稳步提升,加强矿产资源开发监管,加大矿山环境整治力度,科学实施山水
林田湖草生态保护修复工程（见表6-1）。

表6-1　秦巴山区山水林田湖草生态保护修复措施建议

类型	重点措施与工程
护山	加强以秦岭、大巴山、伏牛山、米仓山为重点的山体保护,控制开发强度,做好植被生态恢复
治水	推进柔性治水,实施江河渠库联通联控,开展汉江、嘉陵江两岸生态和水系整治,完善丹江口水库及上游地区水质监测预警体系,实施三峡、丹江口库区石漠化环境治理
育林	推进生态林地保护、退耕还林还草、防护林等重大生态工程,推动绿化城市、森林城市和生态园林城市创建

类型	重点措施与工程
养田	推行保护性耕作，探索耕地轮作制度，建立土壤环境监测、治理体系，加大面源污染、重金属污染治理，推动土地资源可持续利用
蓄湖	推动湖库恢复工程，加强湿地修复与建设，形成水系联通格局

2. 降低建设规模与开发强度，引导人类活动逐步向外转移

相较于其他山地区域，秦巴山区范围内人口总量较大，建设强度也在逐年增大。尽管腹地区域人口密度比外围地区略小，但由于生态重要性较高的地区往往也是生态保护与城乡开发建设矛盾最为突出的区域，因此亟待通过梳理人地空间关系，实现其协调发展。总体而言，按照生态保护优先的原则，该片区应该降低人类活动的强度和开发建设规模，并通过适当的人口与建设空间转移，降低人类活动对环境的干扰。

（1）整理城乡建设用地，实施区内外建设用地增减挂钩。生态保障单元内的区县除中心城区外，土地建设尤其是农村居民点极为分散，空间使用效率低下，同时由于山区劳动力转移引发了普遍的耕地撂荒和边际化以及宅基地闲置废弃问题。对高山地区农村建设用地进行控制和转型可有效降低山区土地生态系统脆弱性，并可以提高其生态安全屏障功能。在生态优先的原则下，除了严格控制建设用地规模、严禁擅自改变生态用地和基本农田的用地和位置外，应积极开展城乡建设用地的空间整理，将片区内的低效开发土地进行清理，探索跨区域的建设用地增减挂钩政策和管控模式，通过城乡间、区域间的建设用地增补平衡，将自然保护区、国家公园、风景名胜区范围内的建设用地转移至区外，将人类活动空间压缩和集中在一定范围内；对无法转移整理的山区农村或小城镇建设用地必须在生态安全考量的基础上合理确定其开发强度阈值。

（2）实施生态移民和异地城镇化战略，引导居民点与人口同步迁移。采取异地城镇化策略，对自然生态极其敏感、自然灾害频发的区域，推行生态移民方式，适当进行迁村并点，将相对分散的村庄向用地平坦、对外交通条件较好的村庄或秦巴山区范围以外的大中城市迁移，将迁移过后的村庄或乡镇进行生态还林或复垦；重点对陕西太白山、重庆大巴山、甘肃白水江、四川米仓山、

河南伏牛山等为代表的国家级自然保护区核心区、缓冲区人口进行逐步迁移；对陇南、川西、陕南等地的灾害易发区地质环境进行评估，适当转移人口和居民点。对于通过迁并形成的村庄按照农村社区的模式进行建设，完善公共服务职能，对于原址保留的村庄除优化原有居住功能外，适当拓展公共服务及旅游功能，和原有居住功能在空间上进行融合，实现保护与发展的有机结合。

（3）工矿业空间疏解，探索矿产资源开发退出与限制机制。无序、低效的山区矿产资源开发是干扰秦巴山区绿色生态环境的主要问题，生态敏感地区动辄"以工兴县"的决策和做法值得反思，这是因为发展要素的比较优势和绝对优势不仅没能充分、有效发挥，反而是相对比较优势的缺失[132]。对于这一地区，大范围、高强度、不计环境成本的工矿产业发展不仅由于成本高而致使经济效益十分有限，同时也对生态环境造成重要破坏。为保障生态环境的绿色可持续，对矿产资源应秉持蓝色规划、绿色开发的理念，合理管控矿产开采和工矿产业空间。限制规模小、效能低并处于生态高敏感区的矿床开采，开发国家战略储备，实现"藏矿于地"。重点对与生态环境保护矛盾较大的工业生产空间进行整理，重点引导山区腹地工矿企业向中心城镇、工业园区或区外转移，有序关停、腾退工矿生产点。

3. 山水共融、人地和谐的山地城乡空间体系与建设模式

（1）嵌入型、分散式、低影响的城乡空间结构。对片区内城镇与乡村的建设采取对生态环境影响最小的方式使之存在于大的绿色基底背景之中，空间上对生态极为敏感、重要的区域强化其生态保护职能，同时向外疏解内部乡镇与村落人口；将不同大小的城乡居民点分布在生态区外围，防止其集中连片发展，注重产业绿色循环发展，保障人口空间承载能力与自然生态环境相协调。为保障区域联系，在必要的山地廊道间构建快速交通体系，强化城乡建设空间之间生态绿楔、种植物迁徙廊道的贯穿和通达，有效防止开发建设空间蔓延；厘清自然保护区、旅游景观和城乡建设的空间关系，依照"中高山保护、低浅山发展"的思路进行居民点和旅游景区的布局，结合生态旅游格局构建绿道系统（见图6-1）。

（2）推行生态型、健康化的山地小城镇模式。围绕特色产业，实施绿色产业体系，通过提升小城镇服务功能，提升生态环境品质，发展商贸物流、生态

图6-1 生态保障单元城乡空间模式

旅游、广播影视、电子信息、特色教育等山地特色小（城）镇。强化对小城镇规模的控制，土地建设在空间上应尽量集中、集约，布局上强调生态、生产和生活空间的融合以及和生产、生活资料的全系统循环（见图6-2）。可适当在近

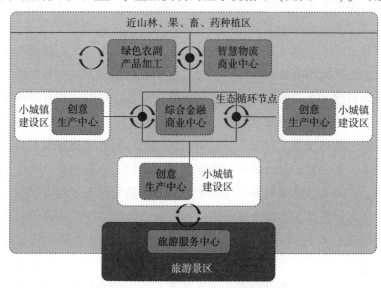

图6-2 生态保障单元小城镇空间模式

山林、果、畜、药种植区周边设置小规模的绿色加工点、家庭作坊、农副产品集贸市场、电子商务园区等，要求其建设充分利用地形地貌，将城乡建设对生态环境的干扰降低到最小；对于距离景区较近、生态环境较好或传统风貌保护较好的乡镇、乡村按照秦巴旅游小镇的定位、美丽城镇（乡村）建设的目标进行建设，引入旅游服务及休闲度假功能，加快特色乡村旅游产业与绿色城镇建设的有机融合。

（3）无污染、零排放的绿色基础设施建设模式。基础设施建设上重点完善排污、垃圾处理、新能源等环保类设施，大力推广沼气在农村地区的使用，通过微生物处理、太阳能利用、雨水收集等方式加强资源的循环利用，同时将农村基础设施与农林畜药生产有机结合起来，通过第一、第三产业的联动发展与循环利用，最大程度实现整个乡镇聚落的废水和垃圾全处理、零排放。重点进行互联网等信息工程的村庄普及化建设，加强农村与城镇、都市的信息沟通，为农村在电子商务产业、智能防灾、作物生产智能管控及智慧旅游方面奠定基础。[231]

二、经济保障单元

（一）基本内涵与特征

经济保障单元指位于均衡开发和轻微开发过度的地区，该区域经济发展水平较高、人类活动强度也较高，人地系统空间协调程度较好，承载力相对较高，未来主要以提升发展质量、优化空间效益为主，可以通过适度强化经济发展、工业城镇化以全面提升片区的综合竞争力，将人地关系始终维持在均衡水平上。

主要包括秦岭北麓、东麓、汉中盆地及陇东丘陵的部分区县。从经济发展角度来看，主要包括了秦巴山区中经济实力和经济规模相对较强、人均综合效益尤其是经济效益相对靠前的地区；从地形条件来看，该类型单元内平原或缓坡在国土空间中所占比重较高，交通区位条件较好，适合增加一定规模的土地开发和城市建设，空间供给匹配均衡度相对较高，在人口聚集和经济承载上还有一定空间，能够辐射周边地区发展，对于推动秦巴山区经济整体实力、协调人地空间均衡、带动地区发展意义重大。基于相对较好的发展条件和相对较小的生态保护与环境承载压力，这一地区未来的主要发展方向是优化产业及城镇空间结构，着力提高产业经济效益，在保护环境的基础上全力推动经济可持续发展。由于该类型地区处于生态保护重点区域与外围经济发达区域的过渡地区，客观上成为生态片区疏解人口的部分承接地，因此未来也应进一步提升城镇化质量，改善人居环境，提高集聚人口的能力，加快骨干交通建设，成为区域经济发展的核心增长极。

（二）策略与路径

1. 协同区域经济发展，构筑现代化、信息化、生态化的绿色产业体系

秦巴山区落后的主要原因是丰富的资源和环境优势尚未转化为区域的核心竞争力，实现山区经济结构、产业结构调整，建构适宜山区的产业体系，推动地区迈向具有核心竞争力的区域经济协同发展是实现地区均衡发展的主要路径，其中经济保障单元应成为带动区域发展的核心增长极。

（1）有序推动区域产业经济协同发展。所谓区域协同发展，主要指为适应市场经济需求，通过打破行政区划限制，促进生产要素自由流动和优化配置，通过产业合理分工和优势互补，最终实现区域经济社会良性互动和全区域共同发展。[232]秦巴山区毗邻关中城镇群、中原经济区、成渝经济区，区域经济稳定持续发展除了依靠持续的内生经济动能外，需广泛接受周边区域的经济辐射与产业协同。关中城镇群、中原经济区具有金融信息、制造产业、科教实力、人才资源和腹地市场等多重优势，经济保障单元的发展需要全力推动与周边地区的产业、市场一体化，促进经贸合作，依托良好的生态环境优势，推动高技术、总部型的生产性服务产业及生态旅游、康养休闲类产业在这一区域聚集。同时基于相对较高的承载力，积极承接生态敏感区的外迁产业，适度承接周边地区低碳、循环类产业，消除各种制约资源和要素流动的障碍，提高资源配置效率，形成秦巴山区内外产业协同、区域经济一体发展的重要功能区。

（2）升级产业结构，推动产业体系绿色化。相较于山区腹地，经济保障单元在地形和交通条件上具有比较优势，是最有条件构筑完善的现代化工业体系的地区，但受制于传统发展模式，地区产业结构低端、低效重复竞争的问题依然明显。区域发展应坚持保护生态环境就是保护生产力、改善生态环境就是发

展生产力的理念，依托山区生态资源和特色产业优势，构建环境友好、生态低碳的绿色产业体系。借助数字信息化发展的时代机遇，大力推动传统产业升级改造，以重点城市和重要产业园区，努力构建高端产业集聚、创新能力突出的先进制造业基地和新兴产业基地，依托原有的工业基础，重点发展航空航天、汽车制造、能源产业、新型制药等优势特色产业，同时坚持绿色循环发展理念，以提质增效为主要目标，推动绿色循环工业园区、基地建设。通过在中心城市引导智能产业创新，重点小城镇承载特色产业，逐步形成大、中、小产业承载区互为支撑、相互融合的产业梯度发展格局。

（3）创新驱动，打造山区生态经济创新示范区。对于山地区域而言，缺失具有科技核心竞争力的产业组织、产业结构、产业制度创新、产品创新，区域的经济质量必然难以提升。[132]要整体提升秦巴山区的区域产业竞争力，需要从实施国家绿色科技发展计划和绿色技术创新入手，以信息技术、绿色技术、先进制造业技术的研究开发与推广应用为导向，不断提高信息科技对新型工业化的支撑、引领作用。[233]立足于市场，积极采取高科技、高效率、高生产力的综合开发方式，探索山区资源"利用—转化—再利用"的循环经济产业模式，构建绿色循环经济链条，强化产业关键技术研发和先进技术成果在秦巴山区产业发展上的应用。转变经济增长方式，实现由初级产品、粗放经营等依靠消耗资源能源的增长向高科技、低消耗、污染少的增长方式转变。针对秦巴山区传统工业资源利用粗放、精深加工程度不足的现状，着力推动工业循环经济示范工程建设，并逐渐向其他区域推广。持续推进创新驱动、科技升级战略，支持该单元类型区内的企业开展工艺升级、链条延伸、科技研发，推动企业与周边高校、科研机构开展合作，推进关键性技术研发与公共服务平台、行业技术与产业开发平台、产业技术创新战略联盟等建设，构建山区生态经济创新示范区。

2. 推进新型健康城镇化，完善提升城市服务职能，促进人口合理集聚

（1）优化城市发展格局，完善提升城镇功能。作为秦巴山区内主要的城镇和人口发展潜力地区，经济保障要加快推进新型健康城镇化，引导城市优先发展，壮大中心城市综合实力。在现有发展的基础上，进一步提升汉中、陇南等地级市与经济强县中心城区的综合职能，适度扩大先进制造业、服务业、交通和城市居住等建设空间。强化国土空间规划引领作用，合理安排生态、生产、

生活空间。推进产城一体化建设，将产业园区作为产城融合和健康城镇化的重要示范区，加强公共设施建设，强化生产性服务业与生活性服务业的互相融合，构建有机协调的产城一体化空间。有序扩大城市规模，增强城市金融、信息、研发等服务职能，形成若干辐射带动力强的中心城市，发展县级城镇，构建城乡一体化网络，推动形成分工协作、优势互补、集约高效的城镇群。[235]

（2）保障住房和服务产业空间，促进人口合理集聚。适度预留和吸纳秦巴山区腹地和周边地区外来人口空间，完善城市基础设施和公共服务，进一步提高城市的人口承载能力[235]。以新型城镇化建设为契机，引导秦巴山区人口向该区域的中心城区和重点镇适度集聚，结合生态移民政策，推进山区落后、灾区村庄整村易地搬迁。推动秦岭北麓地区深度融入关中城镇群，引导人口合理有序分布。注重城镇住房供应结构调整，加强对房地产市场的宏观调控，提升生活居住空间品质。

（3）构筑对外快捷、对内通畅的交通网络体系。落实国家交通干线规划，全力推进高等级铁路、公路和干线枢纽机场建设，着力构建区内快速交通网络，提升综合运输服务能力和水平。继续推动西成线、郑万线、武襄十线、兰渝线等高速铁路建设，推动区域性高速公路连接线路建设。针对地形复杂的地区，以县城过境道路、断头路为重点，加快国省级干线公路和县乡级公路的升级改造，使国道达到二级公路标准，省道达到三级公路标准，提升公路交通安全设施的防护能力。加快交通运输与旅游、文化、产业、物流、信息多领域融合发展，依托重要的交通通道和重点旅游景区，推进旅游轨道小火车示范线路建设。

3. 完善基础设施，构建现代化、创新型的区域中心城市建设模式

经济保障单元的中心城市需要创新城市发展理念，探索新的城市发展模式，构建开放式城市发展格局，注重生产、生态、生活的协调发展，强化产业上的高端化、功能上的现代化和空间上的关联化。

（1）多中心、循环式、高弹性的生态城市空间结构。中心城市的核心区突出金融商贸、信息服务、科技研发等高端服务功能，结合数字信息化形成区域科技金融中心；改造现有低端产业，引进新能源、新材料及高端装备制造等先进制造产业，并将现有分散的工业企业向生态型的产业园区集中，并向城郊转移，依照产业集群的需求布局循环型的工业园区。将处于产业链条上下游、生

产工艺上有关系的工业、农业加工企业邻近布置，减少货流时间及对周边区域的影响；结合重要的交通设施在居住生活区与工业区衔接地带形成智慧物流商业中心、绿色产业中心、生态循环节点、科技创新空间模块，有效解决原有城市的空间低效问题。大力推动轨道交通和快速公交系统建设，降低区域通勤时间。在空间上将内部商业金融中心、中部城市组团、外围循环园区和 SOHO 商务休闲组团相互联系、相互嵌套，并形成绿色公园环绕而成的多中心生态型城市结构（见图 6-3）。

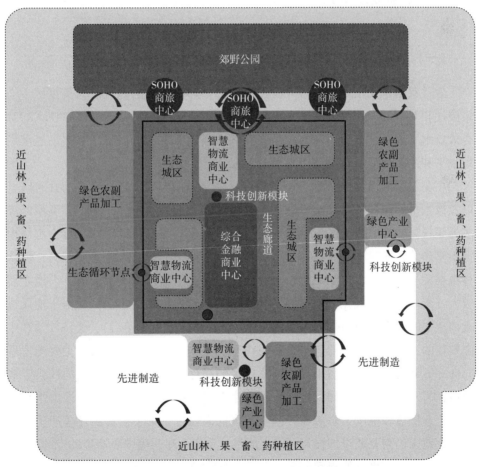

图 6-3　经济保障单元中心城市空间模式

（2）均衡型、低碳式的城市公共设施与市政设施系统。依据人口空间分布特征，构建均衡合理的城市公共设施与市政设施网络，大力发展教育、医疗、文化和体育设施，加强公共设施用地保障，提升公共设施利用效能。打造快捷高效的城市公交体系和道路网络，提升交通服务品质，构建与城市空间结构相适应的城市综合交通网络系统。建设高效、绿色、智慧的市政设施网络，推广绿色能源应用，优化防洪排涝系统，推行低碳建设理念，推广海绵城市技术。[236]加速能源结构调整，大力发展水能、风能、生物能、太阳能等绿色能源。

三、效益双增单元

（一）基本内涵与特征

效益双增单元主要指位于开发不足及部分均衡开发的地区。该类型区生态重要性相对一般，经济发展水平和生态价值不高但人口总量较大，致使人均综合效益水平较低，资源环境与经济强度低水平供需平衡，需要同步提高经济发展水平和生态环境质量以缩小与秦巴山区综合发展水平之间的差距。

主要包括四川盆地以北的丘陵地带、秦岭山脉与黄土高原交界的甘肃区县以及豫东平原和秦岭东段交界的部分河南区县。从地形条件来看，该类型区大多处于丘陵、高原或山区与平原的交错地带，土地开发建设空间具有一定规模但不够连续，同时临近人口稠密的四川盆地、豫中平原，人口密度较高，但森林植被覆盖率低、水资源缺乏，人类活动建设对生态环境干扰较大，人地矛盾较大（秦岭山脉与黄土高原交界的甘肃区县尽管人口密度不高，但由于地属或毗邻缺水的黄土高原地带，生态条件较差，经济发展也较落后），经济效益和生态效益的人均水平远远低于整个秦巴山区的平均值。基于此，未来主要的发展方向一方面要通过强化高附加值、高质量的绿色产业快速提升区域的社会经济效益，另一方面要通过加大生态保护和生态修复措施，全面提升地区山水林田湖的生态价值和地区生态效益。同时为降低人口过于集中对资源环境产生的压力，该地区仍需要通过加强与西安、成都、重庆、郑州等中心城市的空间联系，对人口进行一定程度的疏解。

（二）策略与路径

1. 依照绿色循环发展理念，构建三产融合的绿色山区经济产业系统

（1）绿色循环产业模式与思路。该类型单元具有丰富的水、矿产、森林、动植物等自然资源，保障生态效益和经济效益齐增，就需要发挥其资源比较优势，基于绿色生态承载力，按照低碳、生态、循环经济原理，通过区域产业制度革新和新型产业组织和结构建设，使其经济系统具有生态进化、系统耦合的新型特征；同时要通过产业上的革新带动生产生活方式转变，促进地区走向经济发展、生态文明、社会精神三位一体的发展道路。因此，该单元的产业经济系统应采用最具绿色循环特征、产业链条环环相扣的山区经济产业模式，把农业、林业、畜牧业、制造业、服务业、旅游业结合起来，推动"种—养—殖—农—林—畜—药—工—贸—服"产业链、供应链的一体化设计[132]（见图6-4）。

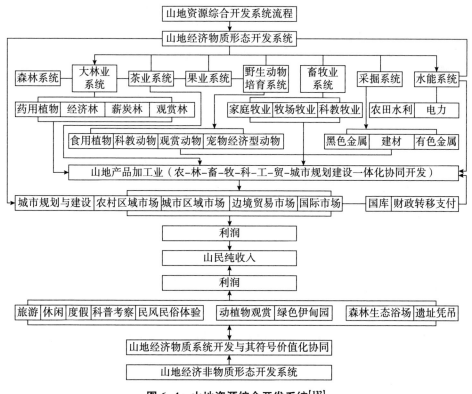

图6-4　山地资源综合开发系统[132]

山地产业经济系统中除了可以利用自然资源的使用价值（物质形态）外，山、水、林、泉、瀑、峡、洞等多种自然景观和农业产业等生产景观也具有丰富的美学观赏价值和文化精神内涵，对于创造特色化的绿色产业经济具有重要意义，因此需强化自然及农业产业资源的价值转化，打造观光览胜、民俗体验、温泉康娱、动植物观赏、农家体验、科技农业观光、生态休闲、民族风采、古镇风情、科考探险等多种产业业态，通过产业循环、系统融合实现山区经济的立体化与丰富化。具体在产业经济开发过程中，应按照特色产业集群构建、绿色科技示范园区支撑、绿色产品品牌经营创新、智能化展销网络和配送平台保障等战略路径予以落实。

（2）特色化农林畜药产业集群模式。结合互联网等新信息技术手段，引进绿色农林技术，革新经营组织形式，加强品牌建设和产销平台搭建，形成特色化的农林畜药产业集群（见图6-5）。严格遵照秦巴山区生态保护的管控要求，分区域引导绿色农林产业发展。围绕河谷、平原城郊地区发展高效绿色循环农业，发展规模化的种植业和养殖业，建设无公害果、蔬、畜种养基地，大力培育和建设养生型、无公害食品种植基地，在交通便利、生态敏感性低的山麓地区发展有机农业和特色生态旅游农业；低山丘陵区依托丰富的林业资源发展林

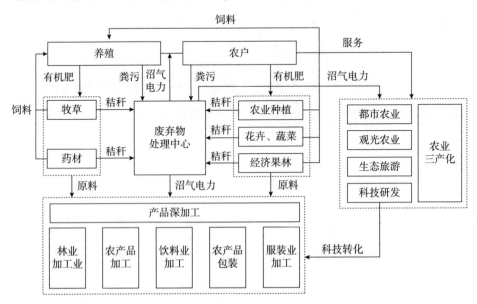

图6-5 秦巴山区农林畜药循环经济模式

下特色经济，重点发展绞股蓝、花椒、核桃、板栗、生漆、杜仲、红豆杉、油橄榄等特色经济林，合理布局林下特色中药材、食用菌、特色菜、珍禽养殖等，对高附加值、知名品牌的经济作物在承载力基础上加强规模化生产。延伸农林产业链，开展特色经济林作物、茶、中药材、农产品精深加工，加快培育绿色农产品加工龙头企业，制定绿色农产品生产技术规程和产品质量标准，促进区域绿色农林循环经济，形成绿色农业、有机农业、科技农业、休闲农业于一体的特色化农林畜药产业集群。[237]产业组织按照循环经济"3R"（减量化、再利用、资源化）原则，在经济系统运行中减少生产过程和消费过程的物质能量流动，减少能源消耗，强化物资的多重利用，使生产和消费后产生的废物经过加工，进入其他产业并成为其生产的原料，最终实现多重产业的循环关联。

在丘陵地区和缓坡地区可重点发展以经济林果和养殖为主体、林草结合的生态产业体系，构建"养殖—沼气—果草—林药—加工"产业链，推行经济效益和生态效益并重的循环生态农业模式。按照生态食物链发展种植/养殖区，以废弃物处理中心、科技研发等为枢纽，实现"废弃物—原料—产品"的循环一体化，[238]同时强化种、养、销同时经营，收益上互补、互促，形成农商一体化。利用山区特殊的地形地貌立体空间，以生态经济学、气候学、工程学原理为指导，选择立地适应性强的植物种类作为基调，[239]配合其他作物种植和养殖类型，形成特色化的生态型循环经济农业。

在山间平原、川坝地区除了推进农林种养生产过程的一体化循环外，应加强农业园区建设。以现代农业园区为依托，围绕水资源循环利用，畜禽粪污、秸秆的无害处理和资源化利用，形成以农副产品精深加工为核心产业、废弃物资源加工利用为附属产业的产业体系，构建多个产业链条耦合、上下游产业联动的现代农业园区生态产业链[240]。在以畜禽养殖为主导的农业园区中，以粪污利用处理技术为纽带，形成包括绿色蔬菜、水果、食用菌种植、淡水养殖和有机肥生产的生态产业链。在以农产品加工为主的园区中进一步延伸产业链条，建立"废渣—饲料加工—养殖—种植—加工""废气—热能—发电—加工"和"废水—污水处理—灌溉种植—加工"等物质能量循环流动的生态产业链。[241,242]

（3）强化生态旅游、文化旅游及生态服务业在产业体系中的比重。尽管该区域经济发展较为落后，但境内的森林、江河、动植物和地貌资源相对还比较丰富，建筑民居、古镇古村和民俗风景等具有较高的观赏价值，同时距离人口稠密的大都市区空间距离较近，可以充分利用其独特的生态资源和文化资源，大力推动生态旅游及延伸服务业产业集群。对地形相对复杂、生态较为敏感的山地区域以森林公园、地质公园、湿地公园的开发为主，形成具有世界知名度和影响力的自然生态旅游品牌；平坝地区结合文化古镇、古村落和民俗文化开发文化旅游产品，强化秦巴山区独有的汉蜀古迹廊道、三国文化带、甘川文化区等文化标识，建设旅游服务基地，结合地域文化拓展旅游创意、纪念产品设计、生产和包装等延伸产业，同时加强区域的旅游基础设施、旅游信息服务体系和旅游公路建设，加强区域旅游线路的串接，形成集文化体验、探险科考、休闲度假、自然观光和延伸服务于一体的旅游产业体系。

（4）塑造秦巴特色农产品品牌，构筑供销网络和配送平台。秦巴山区农副产品种类丰富多样，产品珍贵，附加值高，主要包括特色马铃薯、特色猪肉、优质辣椒、富硒茶、食用菌、本土油料、粮食杂果、调料、核桃、板栗、药材等，但品牌总体较为分散，产业效能还未能较好发挥。为使现有农林产业创造更多经济价值，应着力创建特色鲜明的地理标识品牌，围绕中药材、特色珍稀林果茶、富硒产品、特色粮油肉品牌群进行品牌管理体系构建，分地域整合现有的绿色农业品牌；该地区应借助当前数据信息化发展趋势，着力开展"互联网+农业"的应用，加强山区农村信息网络基础设施建设，建立跨区域的农业信息销售网络，通过建构农村一级农产品电商物流配送体系和配送交通网络建设，打通物流环境障碍，健全物流配送系统。

2. 推动异地城镇化，降低人口密度，提高土地生产效率

（1）通过异地城镇化方式降低人口密度。该类型区相比其他类型管控单元经济落后、人均综合效益产出较低的主要原因是人口密度过大，导致人地矛盾突出，经济形式主要以小规模农耕产业为主，人口总量并未转化为经济发展的优势，反而成为掣肘经济增长、造成生态平衡破坏的主要因素。此外该区域农业生产率低下，隐形失业问题也较为突出。因此从人地空间均衡的角度来看，该类型地区应在推进人口本地城镇化和就业的同时，借鉴国外人口转移经验，通过劳动力输出、异地落户等方式引导人口向周边经济较为发达的区域中心城市集聚，在转移方式上，可按照一定的经济梯度和城镇梯度，有步骤、有秩序地实现人口的转移，实现转移人口和留存人口人均生产、生活、生态效益的综合提升，促进地区发展均衡。

（2）实施土地规模化集聚经营。土地规模化集聚经营是有效提升土地利用效率的重要手段，国家相关政策一直鼓励土地生产要素的大面积集中化经营和管理，允许农民以承包经营权入股农业产业化经营，不断探索农村土地流转的可能性和可行性，[243]2014年中共中央办公厅、国务院办公厅《关于引导农村土地经营权有序流转发展农业适度规模经营的意见》（以下简称《意见》）明确提出，土地流转和适度规模经营是发展现代农业的必由之路。该类型单元地区是秦巴山区的主要农业发展区域，由于地形复杂，产业经济相对落后，农村土地粗放利用，农业产出规模低下的问题尤为突出。针对此类问题，应结合城镇化和移民策略的实施，鼓励地区整合分散的土地资源，实施规模化种植、集约化经营的土地管理模式，依托种粮大户、家庭农场、农民合作社和龙头农业企业，通过统一的土地流转平台对小而分散的农业进行有机整合，进而提高农业和土地的集约化效率。[244]

（3）规整、盘活农村低效建设用地，提升中心城市土地建设强度和利用效率。对地区广泛存在的农村建设用地闲置、粗放使用问题，大力推进城乡土地联动和增减挂钩，结合村庄布点规划，探索生态敏感地区、灾害隐患地区村庄撤并集中居住的建设模式，强化农村集体建设用地与城市重点拓展区建设的联动，采用"土地开发+村庄整理"的模式进行建设用地整理；针对部分中心城市布局松散和开发强度偏低的问题，倡导精明增长理念，积极引导城区向紧凑型城市转变，在保证城市生态安全的前提下，注重产业和居住空间的紧凑布局，倡导城市重点商业中心区高强度、高密度开发；推动城市土地开发平面化向垂直化、立体化和功能复合化转变，注重地下空间的开发和利用；对城区内低效工业区和城中村进行二次开发、升级改造，利用价格杠杆推动城市"退二进三"，提升片区建设用地利用效率。

3. 全域统筹、城乡一体的国土空间建设和管控模式

（1）生态田园城市模式。埃比尼泽·霍华德在1988年出版的《明日的田园城市》一书中首次提出"田园城市理论"，并构建了一个以城市组团为主体的多级单元体系模型解决城乡协调发展问题。[245]"有机疏散理论"是芬兰学者埃列尔·萨里宁针对大城市过分集中和膨胀所带来的各种弊病而提出的一种关于城市发展及其空间结构的理论，是生态城市的早期雏形。两个理论均是以探索一种更加生态、有机的空间组织结构使其能够解决大中城市空间资源低效配

置问题为目标的经典城市建设理论。对于效益双增单元的城市不仅需要通过扩大城市规模及建设承载能力使经济社会得到快速发展，同时需要强化和保障城市建设中生态功能的有效发挥，使生态效益得到最大保障。因此在城市或郊区部分的空间建设应突出强调分散且有机的空间组织模式，构建生态田园城市模式（见图6-6）。具体为城市按照组团模式进行布局，将核心板块商业商务功能与田园城区板块生活居住功能进行分离，核心板块组团采取中、高密度紧凑发展，一般田园城区板块密度适宜且具有主导功能，每个组团都配置高质量的公共设施；充分利用农林、山水、历史文化遗迹等自然开敞空间划定和分隔田园城区的各建设组团，城市或郊区建设区外围通过永久基本农田、环城绿带收拢城市建设范围；同时通过构建便利高效的快速交通和公共交通网络串联各组团，快速道路两侧设置缓冲绿带，形成绿色网络，最终形成城市功能协调有序、空间形象大开大合、土地开发集约高效的新型城市建设模式，实现城市建设与生态保护的双赢。

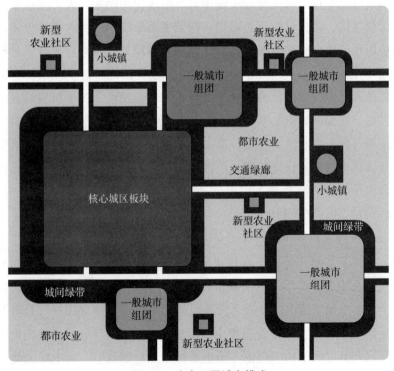

图6-6 生态田园城市模式

具体城市管控策略为：划定城市增长边界，防止蔓延发展，解决或改善城市热岛、内涝等环境问题；运用海绵城市理念，在城市沿山区域及城市连片建设区内部建设郊野公园、生态公园等海绵体，充分收集雨水，减小地面径流。产业在全域层面进行协调分工，在城区层面按照园区化、集群化、集约化的要求进行建设；基础设施建设上采用绿色循环供水策略：按照集约高效、优水优用、分质供水的原则，以科技进步为依靠、安全供水为宗旨、提高水质为目标、降低供水成本为核心，不断完善供水设施、提高服务水平和应急保障能力。为了保护环境，实现能源、环境、经济的协调发展，应加速能源结构调整，大力发展绿色能源。

（2）新型城镇化和乡村振兴目标下的全域城乡一体空间模式。在长期城乡二元体制下的秦巴山区经济发展孱弱的问题除了与县域经济竞争力不足、与广大农村地区未能有效融入区域经济网络有直接关系，也与长期存在的城市强、乡村弱、城乡缺乏空间组织联系有一定关系。在新型城镇化和乡村振兴战略深入实施背景下，最具有城乡一体融合发展条件的效益双增单元地区亟待空间模式的调整和优化。为促进城乡要素自由流动、要素配置公平与共享，空间上就必须摒弃传统的单中心发展模式，倡导构建面向整个区域的开放的多中心城乡空间格局，[246] 由无序的城乡掣肘、相互对立走向功能互补、融合发展。空间组织上强化城乡整体网络体系的建构，功能上以分工合作和产业协作为主线，重点培育地形条件好、产业基础强的中心小城镇，形成辐射带动周边乡村的经济增长极；考虑到秦巴山区地形复杂、交通不便的现实，建设农业大数据交易中心、现代农业电商平台等。乡村除了加强与中心城区的轴向联系外，要突出与周边其他乡村地区加强经济联系，尤其是在区域性乡村道路、作物生产和乡村旅游等板块形成区域一体化格局，避免横向恶性竞争。在公共设施、基础设施建设和社交网络、公共服务信息平台的搭建上要充分考虑城乡间的共享、互通，尝试在生态环境较好的农村地区布局乡村旅游服务基地和生态办公研发基地，推动田园综合体、共享度假小院、互联网创业工坊、郊野 SOHO 等新型城乡融合产品建设，促进城乡功能向乡村地区的延伸，释放农村土地和环境生产力（见图6-7）。

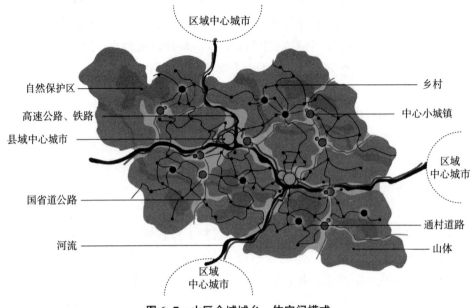

图6-7 山区全域城乡一体空间模式

四、效益转移单元

（一）基本内涵与特征

效益转移单元主要指区内地形平坦开阔，经济发展和城镇化水平最高的地区。该类型区域为经济联系紧密、GDP产出最高的经济发达地区，人口密度和建设强度过大，致使生态和环境承载压力较大，部分区县生态环境破坏严重，经济效益明显大于生态效益，持续的高强度开发将严重影响地区综合效益。

主要包括地处汉江流域中游，并临近江汉平原的十堰、襄阳及周边地区。这一地区经济发展水平处于整个秦巴山区的最高值。从地形条件来看，该区域处于我国东西部山区平原过渡地带，交通区位条件好，受长江中游城镇群和武汉城市圈的经济辐射影响，经济效益明显高于生态效益且综合效益明显高于秦巴山区其他地区。作为秦巴山区的经济发展高地，肩负辐射带动其他地区共同发展的重要责任。考虑到该区域相对较好的经济效益、发展条件和相对超载的开发状态，未来的主要方向应是进一步优化产业结构和人地资源配置，疏解地区人口规模，通过财政转移支付对秦巴山区其他地区进行经济援助和生态补偿，以促使区域间综合发展水平差距的缩小和秦巴山区整体的发展均衡。同时对于地区生态条件差、生态价值低的问题，要把恢复生态、保护环境作为必须实现的约束性目标，进一步通过控制建设开发强度、整理复垦/复绿低效建设用地、治理河湖水系、修复山水林田湖草生态系统等措施实现生态价值和综合承载力的提升以及发展环境的综合好转，引领并带动整个秦巴山区实现综合效益的全面提升。

（二）策略与路径

1. 增强自主创新能力，优化产业发展方式，构筑现代产业体系

（1）作为整个秦巴山区发展条件最好、经济水平最高、综合实力最强的地区，在产业发展思路上要进一步推动产业结构向高端、高效、高附加值的方向转变，增强高新技术产业、现代服务业、先进制造业对经济增长的带动作用。大力实施自主创新战略，促进新技术、新产业、新业态、新模式蓬勃发展。挖掘利用本地创新资源核心优势，强化科技成果就地转化，推动科技和经济紧密结合，推动创新成果和产业发展紧密对接，推动产业整体迈向中高端水平，不断提高发展质量和效益。

（2）推动核心技术创新，建设科技创新平台，加快科技与产业融合发展。加大招研引智力度，引进科研机构和创新科研团队，支持国家创新机构、跨国公司设立研发机构，围绕重要领域加快建设重点实验室、公共技术研发和测试平台，组建产业技术创新联盟，推动工业化和信息化融合发展，着力加强战略性新兴产业的创新能力，着力提升依托科技产业融合实现快速发展的能力，全力构建综合创新生态体系，打造创新型经济。

（3）构建以先进制造业、战略型新兴产业、现代服务业为核心的现代产业体系。作为区域经济发展高地，区域应优化产业布局，构建现代化产业体系，以保证持续的经济动力。以十堰、洛阳、南阳、襄阳等为重点，充分依靠重点城市和重要产业园区，重点发展汽车及零部件、输配电设备、新能源装备制造、信息产业等特色优势产业，加强关键核心技术的自主研发，着力培育电子专用设备、航空和轨道交通装备、精密机械设备等产业集群，努力构建高端产业聚

集、创新能力突出、生态环境优良的先进制造业基地和战略性新兴产业基地，同时吸引国内外大企业、上市公司总部入驻，鼓励大型加工企业向总部方向发展，建设区域性生产服务中心。

2. 优化人口结构和空间分布，大力推进新型城镇化建设

（1）优化人口结构，加强流动人口管理。创新和完善人口政策和人口管理服务模式，合理控制实际人口规模和增长速度，有序扩大户籍人口规模，积极优化人口素质结构。加强人口布局与产业分布及城市空间布局的联动研究，通过产业和城市空间布局优化调整，带动人口结构的优化。建立一体化调控机制，逐步将现有户籍人口和暂住人口管理双轨制模式向实有人口管理模式转变。

（2）优化城镇布局，推进新型城镇化建设。进一步健全城镇体系，促进城市集约高效发展，围绕区域中心城市，明确各城市的功能和产业分工，强化区域内城镇之间的功能互补和联系，提高区域的整体竞争力。将国土空间开发从以外延式扩张为主转向以调整优化内部结构为主。全面提高城镇化质量，加快转变城镇化发展方式，推进新型城镇化建设。

3. 推进城市更新和精明增长，优化土地利用结构和建设方式

（1）推动城市更新，实施土地整备。强化对中心城市老旧片区、重大改造项目的引导与监管，以保障区域公共利益。分类制定不同片区的城市改造更新策略，因地制宜，合理发展。通过低碳生态建设和历史文脉保护，提升社区居民的生活品质。加强规划统筹力度，实现土地整备与产业转型，促进城市基础设施建设与民生工程、环保工程等重大项目的有效结合。[236]

（2）优化土地空间结构，保障集约开发。转变经济发展方式，优化城市空间布局，适度扩大城市建设空间，加强城乡建设用地统筹，严控限制各类建设工程占用基本农田和生态林地。按照"高水平建设，精细化管理"的要求，综合考虑现状密度特征、城市建设潜力用地分布、轨道网布局以及城市空间结构优化等各项开发建设因素，优化土地空间结构。适度提高城市中心及战略性新兴产业园区等重点地区的开发强度，保障城区的高品质建设和产业发展。通过合理新增建设用地及城市更新等手段对建设用地的功能进行调整与优化，形成城市建设的良性循环。

4. 发挥区域中心辐射带动作用，加快产业转移和经济效益共享

经济效益转移单元发展要充分发挥区域中心的辐射带头作用，依托产业协

作、机制联动的策略，创新共享模式，加快产业转移，使其经济效益和能量惠及秦巴山区其他地区。依托国家层面重大战略，实现多圈层、跨区域的产能合作，同时打破各种生产要素流动的壁垒，促进生产资源的流动，实现与秦巴山区其他地区的共同繁荣，提升区域的综合实力和竞争力。

第四节　空间管控实践方案

一、管控单元

（一）管控单元

秦巴山区范围内地形环境差异大，人地空间分异明显。前文研究已经表明，首先，在山区特殊的地形条件影响下，相邻且接近的高程、起伏度易于形成相对一致的自然生态环境特征，进而形成类似的人口村庄密度和经济社会发展水平，因此将处于同一地形条件下的区域归为同一管控单元有利于区域空间协调和发展目标一致；其次，区域发展是一个动态过程，在管控单元区划时要注重现状评价与远景分析相结合，增强区划的前瞻性和相对稳定性，因此在均衡发展目标中制定人口规模、经济发展等指标时，需实现长序列发展周期中人口、资源和环境的协调统一；最后，山区人地系统的空间均衡状态是采用空间资源配置手段优化人地系统格局的前置基础研究，因此应将第五章分析得到的空间供需匹配度和人均综合效益作为单元区划的重要依据，按照将评价结果相近的区县划入同一单元的原则，对研究区进行单元区划。

经过分析评价和调整，最终将秦巴山区 119 个区县划定为 23 个管控单元，同时确定管控单元的类型（见图 6-8、表 6-2）。从划分结果来看，人口较少、经济强度较低、地形较为复杂的生态价值较高地区一般归为生态保障单元；经济发展水平较高，生态约束较少的高承载地区一般划入经济保障单元；生态条件和经济发展相对均衡的地区大多为效益双增单元；经济发展最优、生态条件一般的供需超载地区大多为效益转移单元。

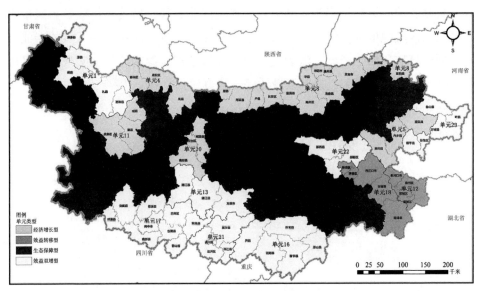

图 6-8 秦巴山区单元管控区划

表 6-2 空间单元区划类型与特征

管控单元编号	平均高程（米）	平均起伏度	现状总人口（万人）	人均综合效益（元/人）	综合特征	单元类型
1	636.5	0.4	184.2	18145.3	地形较复杂、人均效益价值低	效益双增型
2	1023.1	0.8	24.3	72678.0	地形复杂、人口稀少、经济发展落后、生态价值高	生态保障型
3	3144.8	0.7	222.7	54038.0	地形复杂、灾害频发、生态价值高	生态保障型
4	938.6	1.1	132.8	50257.3	地形较复杂、经济发展较好、生态价值低	经济保障型
5	401.5	0.2	175.9	36073.9	地形较为平坦、经济发展一般、生态价值低	经济保障型
6	1035.2	0.4	213.9	44031.7	地形较为平坦、生态价值较高	生态保障型
7	1367.7	0.9	120.9	70251.5	地形复杂、经济发展一般、生态价值较高	生态保障型
8	903.2	0.8	658.5	40762.9	地形较为平坦、经济发展较好、生态价值低	经济保障型

管控单元编号	平均高程（米）	平均起伏度	现状总人口（万人）	人均综合效益（元/人）	综合特征	单元类型
9	1038.3	0.6	260.6	43443.5	地形复杂、经济落后、生态价值一般	生态保障型
10	985.0	0.8	148.4	49593.3	地形较为平坦、经济发展较好、生态价值低	经济保障型
11	1609.7	1.0	98.5	37065.6	地形复杂、经济发展落后、生态价值低	经济保障型
12	106.7	0.0	276.9	73553.8	地形平坦、经济发展好、生态价值低	效益转移型
13	1128.7	0.7	200.0	25105.7	地形较复杂、经济发展落后、生态价值低	效益双增型
14	2290.8	0.4	101.1	51425.5	地形较复杂、经济发展水平一般、生态价值一般	生态保障型
15	1292.5	1.2	145.3	47296.3	地形复杂、经济发展水平一般、生态价值一般	生态保障型
16	2082.2	1.4	530.0	22638.7	地形复杂、人均综合效益低	效益双增型
17	1623.1	0.5	772.9	19279.2	地形较复杂、人均综合效益低	效益双增型
18	432.5	0.2	219.3	77550.5	地形平坦、经济发展好、生态价值低	效益转移型
19	539.0	1.0	206.5	47552.4	地形较复杂、经济发展较好、生态价值一般	生态保障型
20	954.3	0.5	153.7	54663.1	地形较复杂、经济发展一般、生态价值较高	生态保障型
21	891.9	0.3	429.0	21516.4	地形较平坦、人均综合效益低	效益双增型
22	612.1	0.3	114.6	23955.0	地形较平坦、人均综合效益低	效益双增型
23	231.7	0.1	413.5	27061.2	地形平坦、人均综合效益低	效益双增型

（二）发展目标设定

前文基于不同管控单元模式，对秦巴山区进行了单元区划和类型划分。本节重点提出基于全域综合空间均衡理念指导下的各单元人口规模、综合效益和发展状态目标,考虑到地区人地系统协调过程的长期性和曲折性,规划目标设定至 2050 年。

在现状单元发展类型评判的基础上,对人口和综合效益指标进行无规划干预情景下的定量预测。考虑到不同地区人口自然增长差异小,GDP 和 GEP 增长差异大,对不同单元的人口增长采用固定的自然增长率,效益增长采用差异化的综合增长率进行计算(见表 6-3)。

表 6-3   无规划干预下的各单元效益和人口增长率

单元类型	效益综合增长率	人口自然增长率
经济保障型	4%	3‰
效益转移型	3%	3‰
效益双增型	4%	3‰
生态保障型	2%	3‰

注:生态资产价值各年的变化系数不大,以 GDP 增长率代表效益价值总量的增率,通过对比目前发达国家(美国近五年 GDP 年增长率为 2.18%,日本近五年 GDP 年增长率为 1.43%,英国近五年 GDP 年增长率为 2.24%)的 GDP 增长率,综合考虑相关研究论文中对于中国未来 30 年 GDP 按 3%增长的预测,确定不同类型单元的效益综合增长率;参考相关文献,人口自然增长率设定为 3‰。

在综合空间均衡的模型基础上对目标年各单元的效益价值总量进行调控和再分配。通过计算,2050 年秦巴山区全域的效益均衡水平是 10.6 万元/人(即 GDP+GEP/人口=10.6 万元/人),因此将未达到均衡水平线的单元效益价值目标设定为 10.6 万元/人。超出或未及均衡水平线的单元按照预测值设定效益价值目标,通过增加人口或经济援助的方式实现与其他地区的均衡。需要说明的是,对于规划期末在无规划干预情况下不能达到均衡水平的地区,鼓励通过疏解人口的方式优化人地资源空间配置;对于同样无干预模式下超出均衡水平线的地区理论上可通过进一步集聚人口的方式实现效益均衡,但由于部分地区已处于人口和建设的超载地区,结合秦巴山区的生态保护实际,应在适当小幅增加人口规模的基础上,重点通过效益转移的方式促进地区综合发展的均衡(见表 6-4)。

表6-4　综合均衡模型基础上的人口规模和综合效益目标方案

管控单元编号	现状人口总量（万人）	人口总量预测（万人）	生产总值V预测（亿元）	人均效益预测（万元/人）	人均效益目标（万元/人）	人口迁移方案		经济援助方案	单元类型
						目标年人口理论值（万元）	人口迁移理论值（万元）	可转移效益最大值（亿元）	
1	184.2	204.6	1319.2	6.4	10.6	124.5	-59.8	—	效益双增型
2	24.3	27.0	352.8	13.1	10.6	33.3	9.0	—	生态保障型
3	222.7	247.3	2406.5	9.7	10.6	227.0	4.3	—	生态保障型
4	132.8	147.5	2633.5	17.9	10.6	248.4	115.7	-1070.3	经济保障型
5	175.9	195.3	2503.7	12.8	10.6	236.2	60.3	-433.3	经济保障型
6	213.9	237.5	1883.1	7.9	10.6	177.7	-36.2	—	生态保障型
7	120.9	134.2	1697.9	12.7	10.6	160.2	39.3	—	生态保障型
8	658.5	731.3	10591.9	14.5	10.6	999.2	340.8	-2840.5	经济保障型
9	260.6	289.4	2264.1	7.8	10.6	213.6	-47.0	—	生态保障型
10	148.4	164.8	2903.4	17.6	10.6	273.9	125.5	-1157.0	经济保障型
11	98.5	109.4	1441.1	13.2	10.6	136.0	37.4	-281.3	经济保障型
12	276.9	307.5	5730.2	18.6	18.6	307.5	263.7	-2471.1	效益转移型
13	200.0	222.1	1981.4	8.9	10.6	186.9	-13.1	—	效益双增型
14	101.1	112.3	1039.6	9.3	10.6	98.1	-3.0	—	生态保障型
15	145.3	161.4	1374.6	8.5	10.6	129.7	-15.6	—	生态保障型
16	530.0	588.6	4734.7	8.0	10.6	446.7	-83.3	—	效益双增型
17	772.9	858.3	5880.0	6.9	10.6	554.7	-218.2	—	效益双增型
18	219.3	243.6	4785.7	19.6	19.6	243.6	232.2	-2204.1	效益转移型
19	206.5	229.3	1964.0	8.6	10.6	185.3	-21.2	—	生态保障型
20	153.7	170.7	1680.1	9.5	10.6	158.5	4.8	—	生态保障型
21	429.0	476.4	3642.5	7.6	10.6	343.6	-85.4	—	效益双增型
22	114.6	127.2	1083.0	8.5	10.6	102.2	-12.4	—	效益双增型
23	413.5	459.3	4416.0	9.6	10.6	416.3	3.1	—	效益双增型

　　注：单元4、5、8、10、11为经济保障单元，12、18为效益转移单元，规划目标重点考虑采用经济援助，或综合人口迁移和经济援助两种方案以促进地区发展均衡，具体指标应综合承载力、发展水平在理论区间范围内综合确定。

二、规划策略

根据单元管控模式的要求和地区发展实际，在空间均衡匹配和效益分析的基础上对秦巴山区范围内各类型单元的主导产业方向、重点建设城镇和管控思路提出明确的指引，地区未来发展的目标和策略可与其进行结合，同时在此基础上进行深化。各单元规划策略引导见表6-5。

表6-5 单元规划策略引导

管控单元编号	单元类型	主导产业方向	重点建设城镇	管控思路	管控类型
1	效益双增型	高效农业/绿色林业	—	疏解人口、增加双资产价值	控制型
2	生态保障型	绿色农林/旅游业	—	强化生态保护、疏解部分人口	控制型
3	生态保障型	绿色农林/旅游业	江油市	强化生态保护、疏解部分人口	控制型
4	经济保障型	先进制造业/现代农业	麦积区、秦州区	大力发展经济、承接部分人口	发展型
5	经济保障型	先进制造业/现代农业	淅川县、内乡县	大力发展经济、承接部分人口	发展型
6	生态保障型	绿色农林/旅游业	利州区	强化生态保护、疏解部分人口	控制型
7	生态保障型	绿色农林/旅游业	—	强化生态保护、疏解部分人口	控制型
8	经济保障型	先进制造业/现代农业	长安区、灵宝市	大力发展经济，承接部分人口	发展型
9	生态保障型	绿色农林/旅游业	汉滨区	强化生态保护、疏解部分人口	控制型
10	经济保障型	先进制造业/现代农业	汉台区	大力发展经济、承接部分人口	发展型
11	经济保障型	先进制造业/现代农业	武都区	大力发展经济、承接部分人口	发展型
12	效益转移型	智能制造业/高端服务业	襄州区、樊城区	降低建设强度、财政转移支付	发展型
13	效益双增型	高效农业/绿色林业	—	疏解人口、增加双资产价值	控制型
14	生态保障型	绿色农林/旅游业	—	强化生态保护、疏解部分人口	控制型
15	生态保障型	绿色农林/旅游业	—	强化生态保护、疏解部分人口	控制型
16	效益双增型	高效农业/绿色林业	开县	疏解人口、增加双资产价值	控制型
17	效益双增型	高效农业/绿色林业	南部县	疏解人口、增加双资产价值	控制型
18	效益转移型	智能制造业/高端服务业	张湾区、茅箭区	降低建设强度、财政转移支付	发展型
19	生态保障型	绿色农林/旅游业	—	强化生态保护、疏解部分人口	控制型
20	生态保障型	绿色农林/旅游业	西峡县	强化生态保护、疏解部分人口	控制型
21	效益双增型	高效农业/绿色林业	达州区、通川区	疏解人口、增加双资产价值	控制型

续表

管控 单元编号	单元类型	主导产业方向	重点建设城镇	管控思路	管控 类型
22	效益双增型	高效农业/绿色林业	—	疏解人口、增加双资产价值	控制型
23	效益双增型	高效农业/绿色林业	卧龙区、镇平县	疏解人口、增加双资产价值	控制型

三、政策保障

要实现秦巴山区的整体均衡发展，按照不同的定位和发展目标进行空间管控，关键是要形成完善的配套政策、法律法规和体制机制，同时还需要充分发挥政府和市场的作用，推动国家制定促进秦巴山区人地系统协调发展的总体发展战略，打破行政区划壁垒，理顺区域协调机制，通过塑造良好市场环境，按照市场规律在更大范围内优化资源配置，提高区域发展的协调性，有效的政策保障主要包括以下几个方面：

1. 建立分类型、差别化的区域空间治理政策

在综合考虑秦巴山区全区域空间格局、资源环境承载力、人地供需均衡/效益均衡关系的基础上，对不同的空间单元基本特征和管控模式实行分类型、有差别的区域政策。

财税政策上完善激励约束机制，加大奖补力度，对经济发展类单元实行激励性的财政政策，加大基础设施、人口迁入和产业结构升级、产业培育创新等方面的财政支持力度，促进区域经济快速增长、提升区域辐射能力；对生态保护类单元尤其是重点生态功能区采取支持补偿型的财税政策，通过资金补助、定向援助和对口支援等多种形式加强财政资金支持。

投资和产业政策上进行分类，对生态保护地区重点支持生态修复和环境保护、农业综合生产能力建设、生态移民、促进就业和民生改善类项目；占地耗能相对较高的重大制造业项目尽量引导布局在经济保障类单元，科技环保类项目根据条件适当向保护类地区倾斜，同时实施严格的市场准入制度和市场退出机制，通过不同的产业投资限制性标准和政策促进资本和劳动等生产要素在空间上合理配置。

土地和人口政策上，按照各单元的主导发展方向，科学确定各类用地规模、土地管理及人口户籍政策。生态保护类单元处理好农林用地的产权关系，引导人口逐步搬迁转移，严控生态用地和资源保护区的土地转性，进一步积极引导退耕还林、还草；效益双增单元坚持最严格的耕地保护制度和节约用地政策，对范围内的耕地数量和质量进行严格控制，对优质农产品主产区严格控制开发建设用地增量；经济增长类单元实施积极的人口迁入政策和土地保障政策，按照"属地化管理、市民化服务"的原则将其人口纳入统一的公共设施保障体系。

2. 加强污染联防联治，建立完善的生态补偿机制

长期以来，由于缺乏从全域层面对秦巴山区的功能和利益进行统筹，发展建设中未统筹考虑生态环境承载能力，致使秦巴山区区域环境保护协同难以落地。因此，必须从全域层面加强生态环境保护的联动与协同。政策工具上需加强环境准入与管控合作，统一污染物排放标准；共同实施水环境保护和清洁空气行动计划；加强应急联动机制合作，建立重大环境问题快速通报与处理机制；探索环境容量有偿使用、水权交易、初始排污权有偿使用和排污权交易机制；探索多样化的生态补偿方式，探索绿色发展基金和绿色金融试点，通过地区间绿色信贷、生态债券、碳汇交易、生态损害保险等资金筹集方式促进生态系统服务和生态资源的市场化，鼓励吸引社会资本参与生态建设与保护，促进生态补偿机制的多元化。推动长江、汉江上下游地区建立生态补偿机制，开展丹江口水库国家生态补偿试点。

3. 建构秦巴山区五省一市全区域综合协调发展机制

作为我国重要的生态主体功能区，秦巴山区一直以来承载着构筑国家生态安全屏障、加快小康社会建设进程的历史重任，由于范围大、涉及行政单元众多，各省市发展相对独立，也未形成合力。因此秦巴山区必须由过去相互独立、各自为政的发展模式向不同地区、不同单元、不同层级的一体化区域发展模式转变，在发展政策和协调机制方面需要建立六省市、多县市的联席协商机制，定期对区域产业、基础设施、环境及财政转移支付等重大发展对策和生态、经济利益问题开展沟通协调，强化顶层设计和系统布局。主要包括：鼓励筹建秦巴山区一体化发展基金，重点支持跨地区生态联防联治、基础设施建设、重大公共服务平台建设；整体统筹秦巴山区的生态资源，建立一体化的自然资源管

控网络、生态环保监测网络及环境治理应急网络；基于不同地区间不同的利益发展诉求，重点在生态环境治理、基础设施投资、税收收入等领域探索成本分担和利益共享机制；推进形成"秦巴公约"，就生态保护、基础设施共建、产业联动发展等问题，达成共识，推动秦巴山区区域协同发展。[5]

4. 完善绩效评价体系，实行 GDP 和 GEP 双核算运行机制

目前地方政府考核机制更多以经济效益产出作为核心考核指标，未充分将地方政府提供公共服务、社会管理、生态和社会保障产品作为重要指标纳入评价体系，尤其是无法激励地方政府充分考虑到环境生态外溢所产生的外部性效应，致使全区域生态产品提供不足，区际经济利益难以协调。[247] 在我国生态文明建设背景下，推动资源、环境和生态效益等指标进入地方区域发展评价体系，将过去以 GDP 为中心的绩效考核机制调整为 GDP 和 GEP 双核算考核体系是促进未来地区发展均衡的重要手段。通过制定主要产品和重点行业绿色化评价标准，对自然资源资产实行清单化管控，核算区域内生态系统效益，对生态系统变化进行量化跟踪评估，开展自然资源资产负债表编制、领导干部自然资源资产离任审计和生物多样性及生态系统服务价值评估项目，科学评价地区生态文明建设成果和区县党政领导干部管理绩效。同时为保障不同类型单元差异化的区域发展目标，实施针对性的考核评价体系，如效益双增单元要将农业综合生产能力和农民收入等指标纳入评价体系，效益转移地区为强化经济产业的智慧化、开放化程度，需将高新技术产业比重、出口等指标作为核心考量因素。

第五节　本章小结

以秦巴山区人地系统演化格局分析和空间均衡状态评价为基础，创新空间管控单元模式，按照生态保障、经济保障、效益双增和效益转移四种类型确定全区域的空间管控策略与路径，并在此基础上提出规划策略和政策保障建议，主要结论如下：

（1）主要思路以遵循自然适宜性发展、优化人地系统空间结构为愿景，瞄准区域内空间供需匹配和区际间综合效益均衡两大核心目标，依据地形地貌特征、资源环境承载能力、人口经济分布及强度特征划定类型多样的管控单元，

依照不同的模式进行管控；单元划分时重点依据地形地貌特征，空间供需关系，保障相邻相近地区发展目标、策略一致，同时将空间均衡状态作为因区施策的核心考量因素。

（2）按照差异化管控、针对性施策的原理，将秦巴山区管控模式划分为生态保障单元、经济保障单元、效益双增单元和效益转移单元四个类型。生态保障单元指地形复杂、生态功能重要，未来以提供生态产品为核心功能，保障秦巴山区生态安全和效益的地区。经济保障单元指经济发展水平较高、人地空间协调程度较高，可通过强化经济发展、工业城镇化以全面提升片区综合竞争力的地区。效益双增单元指区内综合效益的人均水平总体较低、资源环境与经济强度低水平供需平衡，需要同步提高经济发展水平和生态环境质量以缩小与其他地域差距的地区。效益转移单元指区内地形平坦开阔，经济发展和城镇化水平最高，但由于生态系统资产价值较低，人口密度和建设强度超载和过度开发的地区。

（3）生态保障单元管控策略是强化生态保护，建设国家公园，构建自然保护地体系；降低规模与强度，引导人类活动向外转移；构建特色化山地城乡空间体系与建设模式。经济保障单元管控策略是协同区域经济发展，构筑绿色产业体系；推进新型健康城镇化，完善提升城市服务职能，促进人口合理集聚；构建现代化、创新型的区域中心城市建设模式。效益双增单元管控策略是构建三产融合的绿色山区经济产业系统；推动异地城镇化，降低人口密度，提高土地生产效率；全域统筹、城乡一体的国土空间建设和管控模式。效益转移单元的管控策略是增强自主创新能力，优化产业发展方式，构筑现代产业体系；优化人口结构和空间分布，大力推进新型城镇化建设；推进城市更新和精明增长，优化土地利用结构和建设方式。

（4）在综合考虑前文研究的各项因素的基础上，将研究区 119 个区县划定为 23 个管控单元，同时确定管控单元的类型、目标和重点的管控思路。从划分结果来看，人口较少、经济强度较低、地形较为复杂的生态价值较高地区一般归为生态保障单元；经济发展水平较高，生态约束较少的平坦且高承载地区一般划入经济保障单元；生态条件和经济发展相对均衡的地区大多为效益双增单元；经济发展最优、生态条件一般的供需超载地区大多为效益转移单元。

（5）实现秦巴山区的整体均衡发展和不同片区的差异化定位，关键是要形成完善的配套政策、法律法规和机制体制，还需要充分发挥政府和市场的作用。从政策保障建议上主要应该包括：①建立分类型、差别化的区域空间治理政策；②加强污染联防联治，建立完善的生态补偿机制；③建构秦巴山区五省一市全区域综合协调发展机制；④完善绩效评价体系，实行 GDP 和 GEP 双核算运行机制。

第七章

结　语

第一节　重要结论

本书以我国跨省典型山区——秦巴山区为研究对象，在对国内外山区人地系统研究评述和理论分析的基础上，采用文献分析法、实地考察法、空间建模法和尺度交互研究等方法对山区人地系统的演化格局与驱动机制、空间均衡状态评价分析、空间管控模式与策略等问题开展系统分析和实证研究，形成以下主要结论：

（1）通过系统总结山区人地系统研究进展、趋势和方向，山区人地系统是地理学在山地区域的研究内核，科学认知山区人地系统对解决山区生态安全、灾害防治、经济落后、人地矛盾等问题具有重要意义。当前研究关注重点由山区地理环境变化逐渐延展至山区人地关系、相互作用以及优化调控等方面，研究视角开始瞄准山区资源与可持续发展、山地灾害与安全防治、粮食安全保障与人类福祉提升等全球性重大战略问题。研究发现，山区人地系统研究的学科综合趋势明显，人文地理学研究内核不断凸显。我国目前山区人地系统的研究重点包括山区承载力、山区要素空间分异、山区人地系统演化规律、山区人地系统作用机制等方面，研究方法从传统的史志挖掘、系统评价、动态模拟转向多维图谱、大数据、云计算等新型手段。尽管研究领域广泛、成果丰富，但理论基础和系统性仍有待加强，重实证、轻理论特征突出；对山区要素时空分布和演化的驱动机制、多尺度下差异对比研究不足，对山区监测、预警、评价和响应关注不够。未来研究的重点方向主要包括山区人地系统理论方法建构，多源数据、多尺度和多维度下的人地时空演化格局、规律和驱动机理，以及环境变化下的山区监测、预警、响应及人地关系调适与决策研究。

（2）山区人地系统、山区人地系统空间均衡和山区人地系统空间管控构成了本书的理论基础。在山区人地系统基本概念综合认知的基础上，对其要素、结构、作用机制、演化机理和优化调控进行了解析；结合山区实际，提出空间均衡应在传统经济地理学理论上加以延伸，科学维度上应包括"地域空间内的开发需求—环境供给关系匹配"和"区际间的效益均衡和区域综合效益最大化"两个方面，在此基础上提出山区空间均衡理论的模型架构；基于空间管控理论，提出了山区人地系统协调优化和空间管控的思路和路径，即不同区域采取针对性、差异化的空间管控手段，确定不同的空间发展模式和政策引导手段，空间实现上采用划定空间管控单元，促使自然和人类活动要素在地域空间上有序分布，最终实现人地空间供需匹配、全区域效益综合均衡的整体空间格局。

（3）秦巴山区人地系统演化具有时空差异性。秦巴山区人地系统演化大致经历了以"共生协调—发展退化—矛盾突出"为主要特征的三个阶段。秦巴山区人地系统中人类活动需求子系统包括人口扩张、经济发展、资源消耗三个方面，反映山区人类社会经济活动强度和资源消耗的需求；资源环境供给子系统包括资源供给、环境质量、生态供给三个方面，反映山区资源环境的支撑承载供给程度。研究表明：①在各指标人均值小幅上升和区域不均衡状态扩大的双重作用下，秦巴山区人地系统总体呈下降中略有浮动的发展状态。②耦合协调度在 2000~2010 年持续下降，在 2010~2015 年开始稳步回升，演化的空间差异表现为中高山区快速下降，低山平原区相对平稳。③地均 GDP、人均居住面积与耦合协调度强相关，工业废物综合利用率、建成区绿化覆盖率与耦合协调度弱相关。④影响秦巴山区人地系统协调度下降的主要决定因素是经济发展状态和资源利用程度，生态环境质量对秦巴山区人地系统协调度提升具有一定作用，但同时需要建立在高质量的社会经济发展基础之上。

（4）秦巴山区人地系统空间格局具有水平分异和垂直分异特征。山区起伏的地形与复杂的生态系统，决定了山区拥有与平原差异巨大的地域系统特征，其人地要素空间格局也呈现特殊的分异特征。采用分区统计、Lorenz 曲线、基尼系数分析、样带梯度分析、冷热点探测等分析方法对人地系统空间格局进行分析得到以下结论：①秦巴山区自然环境要素区域差异较大，且随地形变化的特征比较明显，空间越临近地形复杂的山区腹地，水资源越丰富、生态越重要，而土地资源越贫乏、地质灾害发生率越高；空间上越靠近外围平原或盆地地区，地形越平缓，水资源和生态资源越贫乏，地质灾害越少，土地资源则相对丰富。②人口、经济发展空间上呈现不均衡特征，人口、GDP 密度冷热点探测也显示，空间集聚特征存在，整体呈现外围热、内部冷的空间格局；样带研究中发现人口、GDP 密度在经纬方向上的变化曲线与海拔变化曲线呈显著反向相关，人口、经济发展与地形海拔的高低值区分布正好相反。③将人口、经济空间分布特征与地形因素做相关性分析发现，人口、经济要素具有十分明显的垂直分异特征，且与地形高程、起伏度紧密相关，其中经济发展对地形条件依赖性更强，人口对地形的适应性更强。综上研究表明：多个要素、多个尺度的研究均发现山区人地系统空间格局呈现集聚度低于平原、垂直向分异更为剧烈的显著特征，其与地形具有显著关联性。

（5）秦巴山区人地系统空间供需匹配程度和空间效益分布不均衡，需要科学地优化和调控。采用供需匹配模型和综合效益模型进行的人地关系均衡状态结果表明：①秦巴山区存在明显的供给能力与需求强度的空间错位，供给能力中部高而外围低，中部地区由于人口较少、资源相对丰富、生态价值较高，处于供给能力的高值区，外围地区由于生态资源条件一般，人口众多，可持续供给能力低，开发需求强度则基本与之相反。②秦巴山区人—地供需两端存在显著的相互作用关系，其中经济强度受到交通条件、环境承载的显著影响，人口强度的主要影响因素为资源保障和交通条件，影响土地强度的核心要素为生态约束和交通支撑条件，供给能力对需求强度的作用存在明显的空间差异。③秦巴山区空间匹配均衡程度总体较低，且分布极不平衡，总体呈现中部高、外围低的格局，均衡与失衡的区县数量比为 2：8。④秦巴山区生态效益与经济效益不匹配，生态高地、经济洼地特征明显；全域空间效益分布不够均衡，其中四川、重庆北部及甘肃东北部地区人均效益水平最低，中西部的山区与邻近江汉平原的湖北地区人均综合效益较高，普遍超过秦巴山区的平均水平。

（6）秦巴山区人地系统空间管控策略总体思路是以秦巴山区人地系统演化格局分析和空间均衡状态评价为依据，以优化人地系统空间结构为愿景，瞄准区域内空间供需匹配和区际间综合效益均衡为两大核心目标，依据地形地貌特征、资源环境承载能力、人口经济分布及强度特征划定类型多样的管控单元，依照不同的模式进行空间管控。各类型单元的管控策略具体为：①生态保障单元要强化生态保护，建设国家公园，构建自然保护地体系；降低建设规模与开发强度，引导人类活动逐步向外转移；构建山水共融、人地和谐的山地城乡空间体系与建设模式。②经济保障单元要协同区域经济发展，构筑现代化、信息化、生态化的绿色产业体系；推进新型健康城镇化，完善提升城市服务职能，促进人口合理集聚；完善基础设施，构建现代化、创新型的区域中心城市建设模式。③效益双增单元要依托绿色循环发展理念，构建三产融合的绿色山区经济产业系统；推动异地城镇化，降低人口密度，提高土地生产效率；全域统筹、城乡一体的国土空间建设和管控模式。④效益转移单元要增强自主创新能力，优化产业发展方式，构筑现代产业体系；优化人口结构和空间分布，大力推进新型城镇化建设；推进城市更新和精明增长，优化土地利用结构和建设方式；发挥区域中心辐射带动作用，加快产业转移和经济效益共享。

第二节　创新之处

（1）突破均衡论的传统认知和研究框架，构建具有山区特征的人地系统研究理论方法与实践应用体系。目前学术界对空间均衡的标准判定尚未有定论，本书采用"演化规律—空间格局—管控优化"这一人文地理学经典研究思路，借鉴均衡论的研究思维并突破其传统概念认知和研究框架，针对山区地域特征和属性，提出生态文明导向下的山区人地系统协调发展观，科学构建了基于综合空间均衡的山区人地系统研究理论方法与实践应用体系，给出了针对秦巴山区目前存在的人地耦合协调度降低、要素分布不均衡、人地矛盾不断增大等问题的地理学解决方案，丰富和深化了人地关系地域系统理论，拓展了均衡论在山地区域的研究应用。

（2）采用全时段、多尺度、多维度的人地要素时空交互研究思路，初步厘清了秦巴山区人地系统时空演化、格局和成因。构建了适宜山地区域的人地系统耦合协调度演化分析指标体系，通过对比验证模型的科学性和准确性，选择最优模型进行山区人地系统演化研究，强化不同地形特征下演化差异对比分析，对演化机理的认识更为深刻；采用全局回归模型和地理加权回归模型相结合的方法探讨了影响人地系统演化的驱动因素，突出影响因素的空间属性；采用 Lorenz 曲线、基尼系数、冷热点探测、样带曲线等多种方法对研究区人地系统空间格局进行不同尺度和空间维度的交互叠置研究，深入探讨了地形因素对山区人地系统时空格局的影响，确保研究内容的全面性和针对性。

（3）以供需匹配和效益均衡为视角，探索山区人地系统空间均衡评价体系，并以此提出创新单元管控模式。山区人地系统演化格局及资源配置效率的空间差异源于地形阻隔带来的市场失效，反映在人地关系上表现为空间的不均衡状态。本书通过构建供需匹配和效益均衡双维度模型，从资源优化配置和人地协调发展的角度，探索了山区人地系统空间均衡评价体系，并对其不均衡特征和人地矛盾成因进行分析；评价指标和目标导向以经济、社会和环境综合效益最优为前提，从而也避免了经济发展绝对均衡的单一目标取向问题。在此基础上提出生态保障、经济保障、效益双增和效益转移等差异化的优化调控新模式，从生态修复、产业体系、人居环境建设和政策支持等维度探讨了管控模式下子单元调控的具体实施路径，为山区创新管理和实践决策提供了科学依据。

第三节　研究展望

本书试图在人地关系地域系统理论下构建具有山区地域特征的人地系统研究框架，研究山区人地系统时空格局演化的过程与规律，提出有效的空间优化管控模式和策略，为山区可持续发展和管理实践提供有益参考。因研究时间、精力及篇幅所限，未来仍需要在以下方面开展进一步研究。

（1）加强研究尺度的关联性、差异性和研究维度的耦合性探讨。人地系统空间格局具有尺度性，本书在不同尺度、不同维度下分别采用的不同的研究方法，以期得到客观准确的分析结果。研究证明，Lorenz 曲线、基尼系数法、空间自相关可以从宏观层面对空间集聚性做出基本判断，但对局部特征无法衡量，冷热点探测、样带分析则对中微观空间分异刻画更为深入，水平方向和垂直方向的交互研究则可以全方位、立体化认知山区人地系统格局。未来需要进一步对不同尺度间的关联和机制进行探讨，对水平和垂直格局耦合关系特征进行分析，深化山区人地系统的研究深度。

（2）强化非量化人文要素演化格局研究。除了地形地貌、自然环境和人口经济空间具有明显分异特征外，山区人类社会的生产方式、风俗习惯、文化观念也在空间上尤其是垂直方向上具有明显差异，且会对其他要素产生进一步影响。本书重点聚焦自然生态环境和人、居、产等可量化要素的演化格局方面，后续研究需要重点强化对非定量化人文要素的空间分异及成因的探讨，以期更加全面认知山区人地系统的要素、结构和演化规律。

（3）开展动态空间管控调适研究。因资源不可再生，生态破坏后恢复难度大，山区环境供给数量和能力会随时间演化而逐渐降低，尽管降低幅度可因资源高效利用和环境有效治理有所减缓，但供给能力总体仍呈下降趋势；人类经济活动强度也不一定会随开发代价增大而逐渐减少，也有可能呈继续增大趋势。因此，人地系统空间均衡目标更应该找寻人地关系演化过程中的稳定未失衡状态，未来研究应着眼于动态演化中的人地系统空间管控、调适和反馈研究，以期有效指导山区的健康、协调和可持续发展。

参考文献

［1］明庆忠．山地人地关系协调优化的系统性基础研究——山地高梯度效应研究［J］．云南师范大学学报（哲学社会科学版），2008（2）：4-10.

［2］余大富．我国山区人地系统结构及其变化趋势［J］．山地研究，1996（2）：122-128.

［3］中国省市经济发展年鉴编委会．2014 中国省市经济发展年鉴［M］．北京：中国财政经济出版社，2015.

［4］安树伟．秦巴山区的贫困问题与人地关系演变［J］．山地研究，1998（3）：205-209.

［5］徐德龙，潘云鹤，李伟，等．秦巴山脉绿色循环发展战略［J］．中国工程科学，2016，18（5）：1-9.

［6］国家发展和改革委员会．全国及各地区主体功能区规划［M］．北京：人民出版社，2015.

［7］邓伟．山区资源环境承载力研究现状与关键问题［J］．地理研究，2010，29（6）：959-969.

［8］吴良镛．山地人居环境浅议［J］．西部人居环境学刊，2014，29（4）：1-3.

［9］刘旭，梅旭荣，杨正礼，等．秦巴山脉农林畜药绿色循环发展战略研究［J］．中国工程科学，2016，18（5）：24-30.

［10］熊炜，范文．秦巴山区浅表层滑坡成灾规律研究［J］．灾害学，2014，29（1）：228-233.

［11］陈勇，谭燕，茆长宝．山地自然灾害、风险管理与避灾扶贫移民搬迁［J］．灾害学，2013，28（2）：136-142.

［12］钟祥浩．加强人山关系地域系统为核心的山地科学研究［J］．山地学

报，2011，29（1）：1-5.

[13] 贺祥．基于熵权灰色关联法的贵州岩溶山区人地耦合系统脆弱性分析[J]．水土保持研究，2014，21（1）：283-289.

[14] 吴映梅，李亚，张雷．中国区域发展资源环境基础支撑能力动态评价——以西南区为例[J]．地域研究与开发，2006（3）：20-23.

[15] 陈勇，陈国阶，王益谦．山区人口与环境互动关系的初步研究[J]．地理科学，2002（3）：282-287.

[16] 张力仁．清代陕南秦巴山地的人类行为及其与环境的关系[J]．地理研究，2008（1）：181-192.

[17] 王传胜，朱珊珊，孙贵艳，等．西部山区坡地村落空间演进与农户生计改变[J]．自然资源学报，2012，27（7）：1089-1100.

[18] 冯佺光．山地农业经济资源开发利用的优化模型及人地关系系统结构优化[J]．世界科技研究与发展，2010，32（4）：509-515.

[19] 张兵．优化人地关系是灾区重建的关键目标——四川地震灾区工作心得[J]．城市规划，2008（7）：9-16.

[20] 刘运伟，何仁伟，赵亚玲．欠发达民族山区生态足迹与生态承载力动态变化及预测分析——以四川凉山彝族自治州为例[J]．中国科学院大学学报，2014，31（5）：647-653.

[21] 樊杰．国家汶川地震灾后重建规划：资源环境承载能力评价[M]．北京：科学出版社，2009.

[22] 温晓金，杨新军，王子侨．多适应目标下的山地城市社会—生态系统脆弱性评价[J]．地理研究，2016，35（2）：299-312.

[23] 魏明欢，胡波洋，杨鸿雁，等．山区县域土地利用变化对生态脆弱性的影响——以青龙满族自治县为例[J]．水土保持研究，2018，25（6）：322-328.

[24] 蔡绍洪，魏媛．喀斯特贫困山区低碳经济与环境系统耦合协调发展研究——以贵州省为例[J]．贵州财经大学学报，2018（4）：90-98.

[25] 赵旭阳，刘征，赵海建．山区经济发展与生态环境耦合机制研究——以河北省平山县为例[J]．水土保持研究，2014，21（3）：176-181.

[26] 石育中，杨新军，王婷．陕南秦巴山区可持续生计安全评价及其鲁棒

性分析 [J]. 地理研究, 2016, 35 (12): 2309-2321.

[27] 冯玉广, 王君, 杨述贤. 山区县可持续发展指标体系与评价方法研究 [J]. 中国人口·资源与环境, 2000 (S1): 110-112.

[28] 汪玉琼, 郭建军, 李凯, 等. 石羊河流域上游山区生态承载力时空格局动态评价 [J]. 兰州大学学报 (自然科学版), 2013, 49 (2): 166-172.

[29] 许明军, 杨子生. 西南山区资源环境承载力评价及协调发展分析——以云南省德宏州为例 [J]. 自然资源学报, 2016, 31 (10): 1726-1738.

[30] 封志明, 李鹏. 承载力概念的源起与发展: 基于资源环境视角的讨论 [J]. 自然资源学报, 2018, 33 (9): 1475-1489.

[31] 樊杰, 等. 中国人文与经济地理学者的学术探究和社会贡献 [M]. 北京: 商务印书馆, 2016.

[32] 邓文英, 邓玲. 生态文明建设背景下优化国土空间开发研究——基于空间均衡模型 [J]. 经济问题探索, 2015 (10): 68-74.

[33] 樊杰. "人地关系地域系统" 学术思想与经济地理学 [J]. 经济地理, 2008 (2): 177-183.

[34] Messerli B., Ives J. D. Mountains of the World: A Global Priority [M]. London and New York: The Parthenon Publishing Group, 1997.

[35] Price M. F., Butt N. Forests in Sustainable Mountain Development: A State of Knowledge Report for 2000 [M]. Wallingford, UK: CAB International, 2000.

[36] 王明业, 朱国金. 中国的山地 [M]. 成都: 四川科学技术出版社, 1988.

[37] 陈国阶, 等. 2003 中国山区发展报告 [M]. 北京: 商务印书馆, 2004.

[38] 赵松乔. 我国山地环境的自然特点及开发利用 [J]. 山地研究, 1983 (3): 1-9.

[39] 谭传凤, 徐樵利. 山地地理系统综论 [M]. 武汉: 华中师范大学出版社, 1994.

[40] 程鸿. 我国山地资源的开发 [J]. 山地研究, 1983, 1 (2): 1-7.

[41] FAO. The State of Food and Agriculture 2000 [M]. Rome: Fao Inter-Departmental Working Group, 2000.

[42] 王根绪, 刘国华, 沈泽昊, 等. 山地景观生态学研究进展 [J]. 生态

学报，2017，37（12）：3967-3981.

[43] 张伟，李爱农，江晓波．基于 DEM 的中国山地空间范围定量界定 [J]．地理与地理信息科学，2013，29（5）：58-63.

[44] 刘宪锋，潘耀忠，朱秀芳，等．2000-2014 年秦巴山区植被覆盖时空变化特征及其归因 [J]．地理学报，2015，70（5）：705-716.

[45] 张国伟，程顺有，郭安林，等．秦岭-大别中央造山系南缘勉略古缝合带的再认识——兼论中国大陆主体的拼合 [J]．地质通报，2004（Z2）：846-853.

[46] 张珊，查小春，刘恺云．基于地貌区划的秦巴山区地性线密度系数空间分布特征 [J]．陕西师范大学学报（自然科学版），2020，48（1）：32-39.

[47] 甘枝茂，惠振德．中国秦岭大巴山地区地貌图说明 [M]．西安：陕西人民出版社，1989.

[48] 沈玉昌，苏时雨，尹泽生．中国地貌分类、区划与制图研究工作的回顾与展望 [J]．地理科学，1982（2）：97-105.

[49] 程维明，周成虎，申元村，等．中国近 40 年来地貌学研究的回顾与展望 [J]．地理学报，2017，72（5）：755-775.

[50] 段德罡，徐岚．"5·12" 震后秦巴山区的城乡建设应对 [J]．西安建筑科技大学学报（自然科学版），2008（5）：720-726.

[51] 闫杰．秦巴山地乡土聚落及当代发展研究 [D]．西安建筑科技大学博士学位论文，2015.

[52] 杨波，张勃，安美玲，等．1961-2011 年秦巴山区极端降水事件的时空特征分析 [J]．水土保持研究，2014，21（1）：110-116.

[53] 张静，任志远．秦巴山区土地利用时空格局及地形梯度效应 [J]．农业工程学报，2016，32（14）：250-257.

[54] 翟雅倩，张翀，周旗，等．秦巴山区植被覆盖与土壤湿度时空变化特征及其相互关系 [J]．地球信息科学学报，2018，20（7）：967-977.

[55] 李金珂，杨玉婷，张会茹，等．秦巴山区近 15 年植被 NPP 时空演变特征及自然与人为因子解析 [J]．生态学报，2019，39（22）：8504-8515.

[56] 陈勇．古代秦巴地区的历史沿革与经济开发 [J]．上海大学学报（社会科学版），2004（1）：101-107.

[57] 吴传钧. 论地理学的研究核心——人地关系地域系统 [J]. 经济地理, 1991 (3): 1-6.

[58] 陆大道, 郭来喜. 地理学的研究核心——人地关系地域系统——论吴传钧院士的地理学思想与学术贡献 [J]. 地理学报, 1998 (2): 3-11.

[59] 陆大道. 关于地理学的"人-地系统"理论研究 [J]. 地理研究, 2002 (2): 135-145.

[60] 樊杰. 地理学的综合性与区域发展的集成研究 [J]. 地理学报, 2004 (S1): 33-40.

[61] 郑度. 关于地理学的区域性和地域分异研究 [J]. 地理研究, 1998 (1): 5-10.

[62] 樊杰. "人地关系地域系统"是综合研究地理格局形成与演变规律的理论基石 [J]. 地理学报, 2018, 73 (4): 597-607.

[63] 李扬, 汤青. 中国人地关系及人地关系地域系统研究方法述评 [J]. 地理研究, 2018, 37 (8): 1655-1670.

[64] 翟忠义. 中国地理学家 [M]. 济南: 山东教育出版社, 1989.

[65] 钟祥浩, 刘淑珍. 山地环境理论与实践 [M]. 北京: 科学出版社, 2015.

[66] 余大富. 发展山地学之我见 [J]. 山地研究, 1996 (4): 285-289.

[67] 丁锡祉, 郑远昌. 再论山地学 [J]. 山地研究, 1996 (2): 83-88.

[68] 艾南山. 也谈山地学 [J]. 山地研究, 1998 (1): 3-5.

[69] 李小云, 杨宇, 刘毅. 中国人地关系演进及其资源环境基础研究进展 [J]. 地理学报, 2016, 71 (12): 2067-2088.

[70] 李旭东. 贵州乌蒙山区资源相对承载力的时空动态变化 [J]. 地理研究, 2013, 32 (2): 233-244.

[71] 丹尼斯·梅多斯, 等. 增长的极限 [M]. 于树生, 译. 北京商务印书馆, 1984.

[72] Sleeser M. Enhancement of Carrying Capacity Options [M]. London: The Resource Use Institute, 1990: 86-99.

[73] 樊杰. 优化中国经济地理格局的科学基础——对未来 10 年经济地理学学科建设问题的讨论 [J]. 经济地理, 2011, 31 (1): 1-6.

［74］樊杰，陶岸君，陈田，等．资源环境承载能力评价在汶川地震灾后恢复重建规划中的基础性作用［J］．中国科学院院刊，2008（5）：387-392．

［75］封志明，杨艳昭，江东，等．自然资源资产负债表编制与资源环境承载力评价［J］．生态学报，2016，36（22）：7140-7145．

［76］樊杰，周侃，王亚飞．全国资源环境承载能力预警（2016版）的基点和技术方法进展［J］．地理科学进展，2017，36（3）：266-276．

［77］陈慧琳．南方岩溶区人地系统的基本地域分异探讨［J］．地理研究，2000（1）：73-79．

［78］牛叔文，刘正广，郭晓东，等．基于村落尺度的丘陵山区人口分布特征与规律——以甘肃天水为例［J］．山地学报，2006（6）：684-690．

［79］赵莹，刘小鹏，郭永杰．基于GIS的宁夏六盘山区空间贫困特征模型分析［J］．水土保持研究，2014，21（5）：94-99．

［80］张新时．西藏植被的高原地带性［J］．植物学报，1978（2）：140-149．

［81］张百平，周成虎，陈述彭．中国山地垂直带信息图谱的探讨［J］．地理学报，2003（2）：163-171．

［82］刘彦随．山地土地类型的结构分析与优化利用——以陕西秦岭山地为例［J］．地理学报，2001（4）：426-436．

［83］封志明，唐焰，杨艳昭，等．中国地形起伏度及其与人口分布的相关性［J］．地理学报，2007（10）：1073-1082．

［84］王青，石敏球，郭亚琳，等．岷江上游山区聚落生态位垂直分异研究［J］．地理学报，2013，68（11）：1559-1567．

［85］付星基，尹晓媛，余建新，等．乌蒙山区建设用地密度空间分异特征及其影响因素［J］．水土保持研究，2018，25（3）：346-353．

［86］邬建国．景观生态学：格局、过程、尺度与等级［M］．北京：高等教育出版社，2000．

［87］王继夏，孙虎，李俊霖，等．秦岭中山区山地景观格局变化及驱动力分析——以宁陕县长安河流域为例［J］．山地学报，2008（5）：546-552．

［88］刘焱序，任志远，李春越．秦岭山区景观格局演变的生态服务价值响应研究——以商洛市为例［J］．干旱区资源与环境，2013，27（3）：109-114．

[89] 张跃红，安裕伦，马良瑞，等．1960-2010 年贵州省喀斯特山区陡坡土地利用变化 [J]．地理科学进展，2012，31 (7)：878-884．

[90] 杨钟贤，苏春江．平原与山区土地利用/覆被变化对比——以双流县和米易县为例 [J]．山地学报，2009，27 (5)：585-592．

[91] Eric Bylund. Theoretical Considerations Regarding the Distribution of Settlement in Inner North Sweden [J]. Geografiska Annaler, 1960, 42 (4)：225-231.

[92] 王传胜，孙贵艳，朱珊珊．西部山区乡村聚落空间演进研究的主要进展 [J]．人文地理，2011，26 (5)：9-14．

[93] 沈茂英．山区聚落发展理论与实践研究 [M]．成都：巴蜀书社，2006．

[94] 龙花楼，李裕瑞，刘彦随．中国空心化村庄演化特征及其动力机制 [J]．地理学报，2009，64 (10)：1203-1213．

[95] 王根绪，邓伟，杨燕，等．山地生态学的研究进展、重点领域与趋势 [J]．山地学报，2011，29 (2)：129-140．

[96] 钟祥浩，熊尚发．山地环境系统研究新框架 [J]．山地学报，2010，28 (4)：385-391．

[97] 李旭旦．白龙江中游人生地理观察 [J]．地理学报，1941，8 (0)：1-18．

[98] 王青，姚寿福，张宇，等．产业结构演进与山区自然资源贡献度排序 [J]．山地学报，2004 (3)：292-297．

[99] 鲁西奇．山区人口、资源和环境的相互作用与动态关系——《明清长江流域山区资源开发与环境演变》读后 [J]．江汉论坛，2008(10)：141-143．

[100] Krueger A. B. , Grossman G. M. Environmental Impacts of a North American Free Trade Agreement [J]. Social Science Electronic Publishing, 1991, 8 (2)：223-250.

[101] 姜磊，柏玲，吴玉鸣．中国省域经济、资源与环境协调分析——兼论三系统耦合公式及其扩展形式 [J]．自然资源学报，2017，32(5)：788-799．

[102] 翁伯琦，王义祥，黄毅斌，等．基于生态足迹模型的山区生态经济协调发展的定量评价——以福建南平为例 [J]．山地学报，2006(3)：346-351．

[103] 邓波，洪绂曾，龙瑞军．区域生态承载力量化方法研究述评 [J]．

甘肃农业大学学报，2003（3）：281-289.

［104］张宏业，高鹭. 生态承载力的国内外研究进展［J］. 中国人口·资源与环境，2007（2）：19-26.

［105］谢长波，袁希平，甘淑，等. 山区县域土地利用垂直分异模型研究——以宜良县为例［J］. 贵州大学学报（自然科学版），2013，30（2）：126-130.

［106］时振钦，邓伟，张少尧. 近25年横断山区国土空间格局与时空变化研究［J］. 地理研究，2018，37（3）：607-621.

［107］吕志强，邓睿，卿珊珊. 大型山地城市建设用地空间扩展及地形分异［J］. 水土保持研究，2017，24（1）：232-238.

［108］田达睿，周庆华. 分形视角下黄土高原沟壑区城乡用地形态研究——以陕北米脂研究区为例［J］. 城市规划，2017，41（4）：33-40.

［109］佟贺丰，杨岩. 面向决策支持的空间系统动力学模型研究进展［J］. 情报学报，2017，36（12）：1233-1240.

［110］陈赫男，苗晓靖，吕圣桥，等. 鲁中南山地小流域农林牧优化结构调控系统动力学仿真模型［J］. 中国水土保持，2010（5）：54-57.

［111］严冬，李爱农，南希，等. 基于Dyna-CLUE改进模型和SD模型耦合的山区城镇用地情景模拟研究——以岷江上游地区为例［J］. 地球信息科学学报，2016，18（4）：514-525.

［112］张荣群. 地学信息图谱研究进展［J］. 测绘科学，2009，34（1）：14-16，24.

［113］孙然好，张百平，肖飞，等. 山地垂直带谱的数字识别方法探讨［J］. 遥感学报，2008（2）：305-311.

［114］姚永慧，张百平，韩芳，等. 横断山区垂直带谱的分布模式与坡向效应［J］. 山地学报，2010，28（1）：11-20.

［115］汪洋，赵万民. 人居环境研究的信息论科学基础及其图谱意象系统［J］. 地理学报，2012，67（2）：253-265.

［116］傅伯杰，冷疏影，宋长青. 新时期地理学的特征与任务［J］. 地理科学，2015，35（8）：939-945.

［117］何建邦，钟耳顺. 论地理信息系统及其在地理学中的地位［J］. 地理学报，1993（1）：84-90.

［118］李阳兵，罗光杰，邵景安，等．岩溶山地聚落人口空间分布与演化模式［J］．地理学报，2012，67（12）：1666-1674.

［119］程根伟，钟祥浩，郭梅菊．山地科学的重点问题与学科框架［J］．山地学报，2012，30（6）：747-753.

［120］邓伟，熊永兰，赵纪东，等．国际山地研究计划的启示［J］．山地学报，2013，31（3）：377-384.

［121］Barnes D．，Sands C. J．，Cook A. Blue Carbon Gains from Glacial Retreat along Antarctic Fjords: What Should We Expect? ［J］. Global Change Biology，2020，26（5）：2750-2755.

［122］Eryuan Liang，Yafeng Wang，Dieter Eckstein. Little Change in the Fir Tree-line Position on the Southeastern Tibetan Plateau after 200 Years of Warming ［J］. New Phytologist，2011，190（3）：760-769.

［123］Eryuan Liang，Yafeng Wang，Shilong Piao. Species Interactions Slow Warming-induced upward Shifts of Treelines on the Tibetan Plateau ［J］. Proceedings of the National Academy of Sciences of the United States of America，2016，113（16）：4380-4385.

［124］David D．，Breshears，Travis E. Huxman，Henry D. Adams. Vegetation Synchronously Leans Upslope as Climate Warms ［J］. Proceedings of the National Academy of Sciences of the United States of America，2008，105（33）：11591-11592.

［125］Robin Engler，Christophe F．，Randin，Wilfried Thuiller. 21st Century Climate Change Threatens Mountain Flora Unequally across Europe ［J］. Global Change Biology，2011，17（7）：2330-2341.

［126］Jagdish Krishnaswamy，Robert John，Shijo Joseph. Consistent Response of Vegetation Dynamics to Recent Climate Change in Tropical Mountain Regions ［J］. Global Change Biology，2014，20（1）：203-215.

［127］Xinzhang Song，Changhui Peng，Guomo Zhou. Climate Warming-induced upward Shift of Moso Bamboo Population on Tianmu Mountain，China ［J］. Journal of Mountain Science，2013，10（3）：363-369.

［128］Harald Pauli，Michael Gottfried，Stefan Dullinger. Recent Plant Diversity Changes on Europe's Mountain Summits ［J］. Science，2012（336）：353-355.

［129］ Carlos L. , De Pablo, Miguel Penalver – Alcazar, Pilar Martin De Agar. Change in Landscape and Ecosystems Services as the Basis of Monitoring Natural Protected Areas: A Case Study in the Picos de Europa National Park (Spain) ［J］. Environmental Monitoring and Assessment, 2020, 192 (4): 1-22.

［130］ Ruyi Yu, Liuke Liang, Xiaoyan Su. A Driver Based Framework for Vulnerability Assessment of the Poverty Stricken Areas of Funiu Mountain, China ［J］. Ecological Indicators, 2020, 113 (3) .

［131］ Fuchs S. , Keiler M. , Ortlepp R. Recent Advances in Vulnerability Assessment for the Built Environment Exposed to Torrential Hazards: Challenges and the Way Forward ［J］. Journal of Hydrology, 2019 (575): 587-595.

［132］ 冯佺光. 我国山地资源综合开发与山区经济可持续发展 ［J］. 农业现代化研究, 2008 (6): 696-701.

［133］ 鲁西奇, 董勤. 南方山区经济开发的历史进程与空间展布 ［J］. 中国历史地理论丛, 2010, 25 (4): 31-46.

［134］ 李斌. 广东山区经济转型及其模式重构研究 ［J］. 经济地理, 2005 (6): 792-795.

［135］ 张继飞, 邓伟, 刘邵权. 西南山地资源型城市地域空间发展模式: 基于东川区的实证 ［J］. 地理科学, 2013, 33 (10): 1206-1215.

［136］ 叶兴庆. 山区资源价值重估与产业振兴路径选择 ［J］. 农村经济, 2018 (8): 1-4.

［137］ 黄光宇. 山地城市学原理 ［M］. 北京: 中国建筑工业出版社, 2006.

［138］ 吴良镛. 简论山地人居环境科学的发展——"第三届山地人居科学国际论坛"特约报告 ［J］. 山地学报, 2012, 30 (4): 385-387.

［139］ 赵万民. 山地人居环境七论 ［M］. 北京: 中国建筑工业出版社, 2015.

［140］ 王志涛, 苏经宇, 刘朝峰. 山地城市灾害风险与规划控制 ［J］. 城市规划, 2014 (2): 48-53.

［141］ 孙然好, 陈利顶, 张百平, 等. 山地景观垂直分异研究进展 ［J］. 应用生态学报, 2009, 20 (7): 1617-1624.

［142］ 周劲松. 山地生态系统的脆弱性与荒漠化 ［J］. 自然资源学报,

1997 (1): 11-17.

[143] 崔鹏. 中国山地灾害研究进展与未来应关注的科学问题 [J]. 地理科学进展, 2014, 33 (2): 145-152.

[144] Donner W., Rodriguez H. Population Composition, Migration and Inequality: The Influence of Demographic Changes on Disaster Risk and Vulnerability [J]. Social Forces, 2008, 87 (2): 1089-1114.

[145] 程钰. 人地关系地域系统演变与优化研究——以山东省为例 [D]. 山东师范大学博士学位论文, 2014.

[146] 王黎明. 面向 PRED 问题的人地关系系统构型理论与方法研究 [J]. 地理研究, 1997 (2): 39-45.

[147] 方创琳. 中国人地关系研究的新进展与展望 [J]. 地理学报, 2004 (S1): 21-32.

[148] 龚建华, 承继成. 区域可持续发展的人地关系探讨 [J]. 中国人口·资源与环境, 1997 (1): 11-15.

[149] 杨青山. 对人地关系地域系统协调发展的概念性认识 [J]. 经济地理, 2002 (3): 289-292.

[150] William F., Ruddiman. Tectonic Uplift and Climate Change [M]. New York: Plenum Press, 1997.

[151] 乔家君, 李小建. 村域人地系统状态及其变化的定量研究——以河南省三个不同类型村为例 [J]. 经济地理, 2006 (2): 192-198.

[152] 张洁. 渭河流域 (干流地区) 人地关系地域系统演变及其优化研究 [D]. 西北大学博士学位论文, 2010.

[153] 王琦, 陈才. 产业集群与区域经济空间的耦合度分析 [J]. 地理科学, 2008 (2): 145-149.

[154] 李崇明, 丁烈云. 小城镇资源环境与社会经济协调发展评价模型及应用研究 [J]. 系统工程理论与实践, 2004 (11): 134-139, 144.

[155] 乔标, 方创琳. 城市化与生态环境协调发展的动态耦合模型及其在干旱区的应用 [J]. 生态学报, 2005 (11): 211-217.

[156] 张建军, 张晓萍, 王继军, 等. 1949-2008 年黄土高原沟壑区农业生态经济系统耦合分析——以陕西长武县为例 [J]. 应用生态学报, 2011, 22

（3）：755-762.

[157] 余瑞林，刘承良，熊剑平，等．武汉城市圈社会经济—资源—环境耦合的演化分析 [J]．经济地理，2012，32（5）：120-126.

[158] 贺祥，熊康宁，林振山，等．贵州岩溶石漠化山区人地关系协调发展演进研究 [J]．湖北农业科学，2015，54（15）：3825-3831.

[159] 童佩珊，施生旭．厦漳泉城市群生态环境与经济发展耦合协调评价——基于 PSR-GCQ 模型 [J]．林业经济，2018，40（4）：90-95，104.

[160] 程钰，王亚平，张玉泽，等．黄河三角洲地区人地关系演变趋势及其影响因素 [J]．经济地理，2017，37（2）：83-89，97.

[161] 竺可桢．中国近五千年来气候变迁的初步研究 [J]．考古学报，1972（1）：15-38.

[162] 葛全胜，方修琦，郑景云．中国历史时期气候变化影响及其应对的启示 [J]．地球科学进展，2014，29（1）：23-29.

[163] 李健超．秦岭地区古代兽类与环境变迁 [J]．中国历史地理论丛，2002（4）：34-45.

[164] 梁中效．历史时期秦巴山区自然环境的变迁 [J]．中国历史地理论丛，2002（3）：40-48.

[165] 李洁，鲍文．循环经济视角的我国山区聚落演化机理与优化模式研究 [J]．广东农业科学，2011，38（15）：212-215.

[166] 刘征．山地人居环境建设简史（中国部分）[D]．重庆大学硕士学位论文，2002.

[167] 赵冈．中国历史上生态环境之变迁 [M]．北京：中国环境科学出版社，1996.

[168] 李小云，杨宇，刘毅．中国人地关系的历史演变过程及影响机制 [J]．地理研究，2018，37（8）：1495-1514.

[169] 张建民．明清时期的山地资源开发及山区发展思想 [N]．光明日报，2011-01-27（11）.

[170] 张建民．山区开发史研究论略——以中国南方山区为中心 [J]．人文论丛，2017，27（1）：213-232.

[171] 王永厚．我国历史上的山区开发利用 [J]．古今农业，1988（2）：

114-119.

[172] 刘彦随. 中国山区土地资源开发与人地协调发展探讨 [C]. 中国山区土地资源开发利用与人地协调发展研究, 2010.

[173] 冉红美, 唐治诚. 中国山区生态环境现阶段面临的问题及对策 [J]. 水土保持研究, 2004 (2): 180-182.

[174] 郭跃, 王佐成. 历史演进中的人地关系 [J]. 重庆师范学院学报 (自然科学版), 2001 (1): 22-26, 31.

[175] 陈雯. 空间均衡的经济学分析 [M]. 北京: 商务印书馆, 2008.

[176] 杨美霞, 周国海. 关于旅游规划中卫星资源开发适宜度的思考——以张家界为例 [J]. 桂林旅游高等专科学校学报, 2004 (3): 58-62.

[177] 金相郁. 中国区域经济不平衡与协调发展 [M]. 上海: 上海人民出版社, 2007.

[178] 樊杰. 人地系统可持续过程、格局的前沿探索 [J]. 地理学报, 2014, 69 (8): 1060-1068.

[179] 陈雯, 孙伟, 赵海霞. 区域发展的空间失衡模式与状态评估——以江苏省为例 [J]. 地理学报, 2010, 65 (10): 1209-1217.

[180] 张玉泽, 张俊玲, 程钰, 等. 供需驱动视角下区域空间均衡内涵界定与状态评估——以山东省为例 [J]. 软科学, 2016, 30 (12): 54-58.

[181] 王圣云. 区域发展空间均衡的福祉地理学研究——以鄱阳湖区为例 [M]. 北京: 科学出版社, 2017.

[182] 樊杰. 我国主体功能区划的科学基础 [J]. 地理学报, 2007 (4): 339-350.

[183] 邓伟, 张继飞, 时振钦, 等. 山区国土空间解析及其优化概念模型与理论框架 [J]. 山地学报, 2017, 35 (2): 121-128.

[184] 吴传钧. 人地关系地域系统的理论研究及调控 [J]. 云南师范大学学报 (哲学社会科学版), 2008 (2): 1-3.

[185] 樊杰, 周侃, 陈东. 生态文明建设中优化国土空间开发格局的经济地理学研究创新与应用实践 [J]. 经济地理, 2013, 33 (1): 1-8.

[186] 禚振坤, 陈雯, 孙伟. 基于空间均衡理念的生产力布局研究——以无锡市为例 [J]. 地域研究与开发, 2008 (1): 19-22, 27.

［187］温艳．"大秦岭"的内涵与旅游资源合作开发的思考［J］．特区经济，2011（1）：167-169.

［188］徐德龙，等．秦巴山脉绿色循环发展战略研究（二期）［J］．中国工程科学，2020，22（1）：1-8.

［189］贾探民，杜双田，周雷．秦巴山区的历史变迁与生态重建［J］．西北农林科技大学学报（社会科学版），2002（2）：12-16.

［190］佳宏伟．清代陕南生态环境变迁的成因探析［J］．清史研究，2005（1）：55-66.

［191］李庆东．对清末秦巴山区开发的历史反思［J］．陕西省行政学院学报，1999（1）：44-46.

［192］刘胤汉，杨东朗，刘彦随等．陕西秦巴山区垂直自然带的土地演替［J］．山地研究，1996（1）：9-15.

［193］席恒，郑子健．秦巴山区区域社会可持续发展的问题与对策［J］．西北大学学报（哲学社会科学版），2000（1）：136-141.

［194］段佩利，刘曙光，尹鹏，等．中国沿海城市开发强度与资源环境承载力时空耦合协调关系［J］．经济地理，2018，38（5）：60-67.

［195］张引，杨庆媛，闵婕．重庆市新型城镇化质量与生态环境承载力耦合分析［J］．地理学报，2016，71（5）：817-828.

［196］党晶晶，姚顺波，黄华．县域生态-经济-社会系统协调发展实证研究——以陕西省志丹县为例［J］．资源科学，2013，35（10）：1984-1990.

［197］盖美，聂晨，柯丽娜．环渤海地区经济—资源—环境系统承载力及协调发展［J］．经济地理，2018，38（7）：163-172.

［198］李茜，胡昊，李名升，等．中国生态文明综合评价及环境、经济与社会协调发展研究［J］．资源科学，2015，37（7）：1444-1454.

［199］徐建华．现代地理学中的数学方法［M］．北京：高等教育出版社，2002.

［200］王平，朱帮助．基于熵权TOPSIS的企业自主创新项目投资方案评价［J］．生产力研究，2011（7）：173-175.

［201］连素兰，何东进，纪志荣，等．低碳经济视角下福建省林业产业结构与林业经济协同发展研究——基于耦合协调度模型［J］．林业经济，2016，

38 （11）：49-54，71.

[202] 刘耀彬，李仁东，宋学锋．中国区域城市化与生态环境耦合的关联分析 [J]．地理学报，2005（2）：237-247.

[203] 王少剑，方创琳，王洋．京津冀地区城市化与生态环境交互耦合关系定量测度 [J]．生态学报，2015，35（7）：2244-2254.

[204] 陈媛．基于 GM（1，1）模型的区域社会经济与生态环境协调发展评价——以中山市为例 [J]．环境与发展，2017，29（3）：258-260.

[205] 熊建新，陈端吕，彭保发，等．洞庭湖区生态承载力系统耦合协调度时空分异 [J]．地理科学，2014，34（9）：1108-1116.

[206] 戢晓峰，姜莉，陈方．云南省县域城镇化与交通优势度的时空协同性演化分析 [J]．地理科学，2017，37（12）：1875-1884.

[207] 郑德凤，刘晓星，王燕燕，等．基于三维生态足迹的中国自然资本利用时空演变及驱动力分析 [J]．地理科学进展，2018，37（10）：1328-1339.

[208] 张少尧，时振钦，宋雪茜，等．城市流动人口居住自选择中的空间权衡分析——以成都市为例 [J]．地理研究，2018，37（12）：2554-2566.

[209] 张起明，林小惠，胡梅，等．江西省可利用土地资源空间分布特征分析 [J]．中国人口·资源与环境，2011，21（S2）：135-138.

[210] 徐勇，汤青，樊杰，等．主体功能区划可利用土地资源指标项及其算法 [J]．地理研究，2010，29（7）：1223-1232.

[211] 张海霞，牛叔文，齐敬辉，等．基于乡镇尺度的河南省人口分布的地统计学分析 [J]．地理研究，2016，35（2）：325-336.

[212] 韩嘉福，张忠，齐清文．中国人口空间分布不均匀性分析及其可视化 [J]．地球信息科学，2007（6）：14-19.

[213] 柏中强，王卷乐，杨雅萍，等．基于乡镇尺度的中国25省区人口分布特征及影响因素 [J]．地理学报，2015，70（8）：1229-1242.

[214] 米健．区域脆弱性与农村贫困研究 [D]．中国农业科学院硕士学位论文，2008.

[215] 刘浩，马琳，李国平．京津冀地区经济发展冷热点格局演化及其影响因素 [J]．地理研究，2017，36（1）：97-108.

[216] 李文龙，石育中，鲁大铭，等．北方农牧交错带干旱脆弱性时空格

局演变 [J]. 自然资源学报, 2018, 33 (9): 1599-1612.

[217] Phil A. Graniero, Jonathan S. Price. The Importance of Topographic Factors on the Distribution of Bog and Heath in a Newfoundland Blanket Bog Complex [J]. Catena, 1999, 36 (3): 233-254.

[218] Callow J. N. , Boggs G. S. , Niel K. How Does Modifying a DEM to Reflect Known Hydrology Affect Subsequent Terrain Analysis? [J]. Journal of Hydrology, 2007, 332 (1): 30-39.

[219] 周自翔, 李晶, 任志远. 基于 GIS 的关中-天水经济区地形起伏度与人口分布研究 [J]. 地理科学, 2012, 32 (8): 951-957.

[220] Elumnoh A. , Shrestha R. P. Application of DEM Data to Landsat Image Classification: Evaluation in a Tropical Wet-Dry Landscape of Thailand [J]. Photogrammetric Engineering & Remote Sensing, 2000, 66 (3): 297-304.

[221] Neta Wechsler, Thomas K. Rockwell, Yehuda Benzion. Application of High Resolution DEM Data to Detect Rock Damage from Geomorphic Signals along the Central San Jacinto Fault [J]. Geomorphology, 2009, 113 (1): 82-96.

[222] Stein J. L. , Stein J. A. , Nix H. A. Spatial Analysis of Anthropogenic River Disturbance at Regional and Continental Scales: Identifying the Wild Rivers of Australia [J]. Landscape & Urban Planning, 2002, 60 (1): 1-25.

[223] 周亮, 徐建刚, 林蔚, 等. 秦巴山连片特困区地形起伏与人口及经济关系 [J]. 山地学报, 2015, 33 (6): 742-750.

[224] 明庆忠, 史正涛, 邓亚静, 等. 试论山地高梯度效应——以横断山地的自然-人文景观效应为例 [J]. 冰川冻土, 2006 (6): 925-930.

[225] 罗勇, 张百平. 基于山地垂直带谱的秦岭土地利用空间分异 [J]. 地理科学, 2006 (5): 5574-5579.

[226] 陈逸, 黄贤金, 陈志刚, 等. 中国各省域建设用地开发空间均衡度评价研究 [J]. 地理科学, 2012, 32 (12): 1424-1429.

[227] 谭术魁, 刘琦, 李雅楠. 中国土地利用空间均衡度时空特征分析 [J]. 中国土地科学, 2017, 31 (11): 40-46.

[228] 李琼, 周宇, 张蓝澜, 等. 中国城镇职工基本养老保险基金区域差异及影响机理 [J]. 地理学报, 2018, 73 (12): 2409-2422.

[229] 雷会霞，敬博．秦巴山脉国家中央公园战略发展研究 [J]．中国工程科学，2016，18（5）：39-45.

[230] 唐芳林．中国特色国家公园体制建设思考 [J]．林业建设，2018（5）：86-96.

[231] 吴左宾，敬博，郭乾，等．秦巴山脉绿色城乡人居环境发展研究 [J]．中国工程科学，2016，18（5）：60-67.

[232] 杨军昌，常岚，等．西南山区人口与资源环境研究 [M]．北京：知识产权出版社，2014.

[233] 苏波．转变发展方式走新型工业化道路 [J]．求是，2012（16）：26-28.

[234] 蒋浩．我国发展军民融合产业的实践及思考 [J]．宏观经济管理，2018（5）：68-72.

[235] 哈斯巴根．基于空间均衡的不同主体功能区脆弱性演变及其优化调控研究 [D]．西北大学博士学位论文，2013.

[236] 深圳市规划和国土资源委员会（市海洋局），深圳市宝安区人民政府．宝安综合规划（2013—2020）[EB/OL]．http：//ibaoan. sznews，2015.

[237] 张中华，张沛．西部欠发达山区绿色产业经济发展模式及有效路径 [J]．社会科学家，2015（10）：66-70.

[238] 李仕蓉，张军以．贵州喀斯特山区农村庭院循环经济发展模式研究 [J]．农业现代化研究，2012，33（6）：692-695.

[239] 杨德伟，陈治谏，廖晓勇，等．三峡库区小流域生态农业发展模式探讨——以杨家沟、戴家沟为例 [J]．山地学报，2006（3）：366-372.

[240] 翁伯琦，黄秀声，林代炎，等．现代循环农业园区构建与关键技术研究——以福建省福清星源公司与渔溪农场为例 [J]．福建农业学报，2013，28（11）：1123-1131.

[241] 王红，汤洁，王筠．玉米深加工产业的循环经济模式研究 [J]．地理科学，2007（5）：661-665.

[242] 盛彦文，马延吉．循环农业生态产业链构建研究进展与展望 [J]．环境科学与技术，2017，40（1）：75-84.

[243] 黄凌翔，郝建民，卢静．农村土地规模化经营的模式、困境与路径

［J］.地域研究与开发，2016，35（5）：138-142.

［244］张中华，张沛，孙海军.城乡统筹背景下西部山地生态敏感区人口转移模式研究［J］.规划师，2012，28（10）：86-91.

［245］陈楠，陈可石，李欣珏.基于田园城市理论的中小城市发展模式探析——以台湾宜兰县规划与实践经验为例［J］.城市规划，2015，39（12）：33-39.

［246］芮旸.不同主体功能区城乡一体化研究：机制、评价与模式［D］.西北大学博士学位论文，2013.

［247］张化楠，葛颜祥，接玉梅.主体功能区的流域生态补偿机制研究［J］.现代经济探讨，2017（4）：83-87.